KB019431

공학의 명장면 12

CHE IDEA!

Text by Christian Hill

Illustrations by Giuseppe Ferrario

Copyright ⓒ 2016, Edizioni EL S. r. l., Trieste Italy

Korean Translation Copyright ⓒ 2019, Prunsoop Publishing Co., Ltd.

이 책의 한국어판 저작권은 이카리아스 에이전시를 통해
Edizioni EL S. r. l.과 독점 계약한 (주)도서출판 푸른숲에 있습니다.
저작권법에 의해 한국 내에서 보호를 받는 저작물이므로 무단 전재와 복제를 금합니다.

페니실린에서 월드 와이드 웹까지

공학의 명장면
12

크리스티안 힐 지음 | 주세페 페라리오 그림

이현경 옮김

푸른숲주니어

전쟁에서 승리하기 위해서는
목욕탕이 필요합니다!

― 영화 〈테르마이 로마이〉 중에서

난방 기술,
열의 흐름을 바꾸다

기원전 80년

고대 로마 나폴리

HYPOCAUST

고대 로마는 기원전 7세기만 해도 작은 도시 국가 중 하나였다. 그러나 기원전 3세기에 이탈리아 반도를 통일한 뒤, 지중해 곁의 여러 나라를 빠른 속도로 제패해 나갔다. 수많은 정복 전쟁은 로마를 부강하게 만들어, 1세기 무렵에는 명실공히 세계의 초강대국으로 우뚝 서게 했다. 그 후 상류 계층은 극도로 사치스러운 생활을 했다. 식민지 사람들을 노예로 삼아 대농장을 일구고 막대한 재산을 챙겼다. 그 무렵 굴 양식으로 돈방석에 올라앉은 사업가 카이우스 세르기우스 오라타! 그는 상류 계층의 특권 의식과 욕망을 그 누구보다 잘 꿰뚫고 있었다.

나폴리의 미다스 손, 벽돌공과 산책을 나서다

카이우스 세르기우스 오라타는 바다 근처에 있는 조그만 호수 루크리노에서 굴 양식을 했다. 그 무렵 로마의 영향력 있는 사람들 사이에서 굴은 최고의 진미로 꼽혔다. 그 덕분에 오라타는 나폴리만을 넘어 캄파니아 지방(이탈리아 남부에 있으며, 나폴리를 포함해 여러 주로 이루어져 있다.) 최고의 부자로 발돋움해 가는 중이었다.

오늘도 오라타는 도심으로 실어 보낼 굴을 몸소 시식하고 있었다. 이 맛을 제대로 아는 사람이라면 단번에 삼킬 리 없었다. 혓바닥 위의 굴을 입천장으로 바짝 밀어붙이고서 신선한 향취를 음미한 뒤 천천히 꿀꺽……

그때 노예가 커튼을 걷고 방으로 들어왔다.

"무슨 일인가?"

"벽돌공이 도착했습니다."

오라타는 자리에서 일어나 토가(고대 로마에서 고귀한 신분의 남성이 입던 긴 겉옷)의 주름을 매만졌다.

곧 벽돌공이 방 안으로 들어섰다. 못이 잔뜩 박인 손과 핏기 없이 메마른 피부가 하루 종일 석회를 만지는 사람이라는 걸 한눈에 알아차리게 했다. 하지만 기술 하나만큼은 나폴리만의 그 누구한테도 지지 않는 장인이었다.

"자네, 굴 하나 먹어 보겠나?"

오라타의 물음에 벽돌공은 조심스럽게 굴을 하나 집어 들었다. 그러고는 잠시 동안 양손으로 껍질을 만지작거렸다. 축축하게 젖은 돌멩이 같은 것이 도무지 음식으로 보이지가 않아서였다. 심지어 어떻게 먹어야 하는지 감도

고대 로마 인구의 절반은 노예?

기원전 1세기 말, 이탈리아 반도 내에서 노예 계급으로 살았던 사람들의 수는 200~300만 명으로, 전체 인구의 40%나 되었다. 로마 시민들은 힘든 일을 노예가 도맡아 해 주어서 아쉬울 것이 전혀 없었다. 그래서 콜로세움이나 목욕탕을 세우는 등 예술과 오락에 많은 관심을 쏟았다. 또한 전쟁을 많이 하는 민족이다 보니, 실용성을 중시하는 경향이 짙어서 도로와 수도 등 도시 공공시설이 일찍부터 발달했다. 이 모든 것은 로마 건축 문화의 빛나는 성과로 이어졌다.

The world is my oyster!

셰익스피어의 희곡에 등장하는 대사로, "이 세상은 내 거야."라는 의미를 담고 있다. 바꾸어 말하면, "난 원하는 건 뭐든지 할 수 있어, 세상은 나 하기에 달려 있어."라는 뜻이다. 여기서 oyster(굴)는 '돈벌이' 혹은 '횡재'를 뜻하기도 한다. 그리 흔치는 않지만, 굴 속에 진주가 들어 있는 경우가 있어서 생겨난 말인 듯하다.

오지 않았다.

오라타가 손을 내밀었다.

"이리 줘 보게. 내가 껍데기를 벌려 주지. 참, 굴을 질겅질겅 씹지는 말게. 입 안으로 미끄러져 들어가게 내버려 두란 뜻이야."

벽돌공은 그 말대로 했다가…… 확 뱉어 버리고 싶은 충동을 겨우 억눌렀다. 그는 눈을 딱 감고 묵묵히 굴을 삼켰다.

"맛있지 않나, 응?"

오라타는 대답을 못 하고 우물쭈물하고 있는 벽돌공의 어깨를 툭툭 치더니 문밖으로 이끌고 나갔다.

"비에 좀 젖겠지만 함께 가 보세."

가을비가 추적추적 내리는 날씨에 대체 어디를 가자는 것일까?

두 사람은 채 몇 분을 걷지 않아 바닷가에 도착했다. 잿빛 바다에서는 가

아치형 구조

아치형 구조는 천장이나 문 등에서 활처럼 둥그렇게 곡선을 띠는 건축 구조를 가리킨다. 고대 로마 사람들은 반원 아치를 다리와 수도를 비롯해 수많은 건축물에 사용했다. 그러다 중세에 이르러, 고딕 양식 건축의 기본 요소로 자리 잡았다.

로마 철학자 세네카는 "인간 사회는 각 구성원이 밀고 당기며 서로 지탱한다는 면에서 아치와 비슷하다."고 말하기도 했다. 아마도 돌이나 벽돌에 접착제를 사용하지 않고, 오로지 석공의 정교한 기술로 아귀를 딱딱 맞추어야 하는 건축 방식에 빗댄 말인 듯하다.

끔씩 큰 파도가 들이닥쳤다.

해안가 한 귀퉁이에서 바다로 넓은 반원을 그리며 벽이 둘러쳐져 있었다. 수면 위로 60cm쯤 솟아오른 벽 위로 파도가 쉽사리 넘어왔다. 하지만 곧 벽에 뚫린 아치형 구멍으로 바닷물이 다시 흘러나갔다.

벽돌공은 벽의 용도를 금방 알아차렸다. 물고기를 양식하기 위해 둘러놓은 울타리였다. 폼페이 근처에서 직접 쌓아 본 적도 있었다.

"원래는 내가 좋아하는 감성돔을 양식할 생각이었지. 내가 그놈들을 얼마나 좋아하느냐 하면, 친구들이 오라타(이탈리아어로 '감성돔'이라는 뜻)라고 부를 정도야. 그런데 양식장을 지어 놓고서 몇 년이 지나도록 감성돔을 들여오지 못했어. 왜 그런지 아나?"

양식장의 벽은 꽤 멀쩡해 보였다. 벽을 새로 쌓거나 보수할 일이 있어 보이진 않았다. 그런데 왜 이 부유한 양식업자는 벽돌공을 불러들인 것일까?

오라타가 말을 이었다.

"감성돔은 찬 바닷물을 좋아하지 않아. 겨울 몇 달간은 따뜻한 바다를 찾아 남쪽으로 이동하지. 게다가 암컷이 알을 낳을 정도로 자라려면 몇 년이나 걸려. 만약 감성돔을 겨울 몇 달 동안 이 양식장에 가두어 두면 어떻게 될까? 모조리 죽어 버리겠지. 그렇다고 남쪽으로 가게 내버려 두면? 한 마리도 돌아오지 않을걸. 안 그런가?"

벽돌공은 그저 가만히 서 있었다. 벽돌과 석회, 돌에 관한 문제라면 모르는 게 없었지만, 어류의 생태에 대해서는 관심조차 가져 보지 않았기 때문이다. 이해가 안 되는 건 그것뿐만이 아니었다. 해가 쨍쨍하든 비가 내리든 야외에서 일하는 데 익숙해져 있지만, 이렇게 추운 날 비를 맞으며 바닷가에 서서 아무짝에도 쓸모없는 잡담을 왜 듣고 있어야 하는지는 도무지 이해하기 힘들었다.

"그러니까 하시고 싶은 말씀이……?"

"자, 이제 집으로 돌아가세. 내가 지금 무슨 생각을 하고 있는지 보여 줄 테니."

오라타는 불룩한 뱃살 위에 찰싹 달라붙은 토가를 매만지며 흥겹게 말했다.

물고기를 위한 공중 목욕탕?

오라타는 집에 도착하자마자 빗물을 대충 털어 내고는 점토판과 첨필(글을 쓰거나 표시를 하는 데 사용하는 끝이 뾰족한 도구)을 꺼내 들었다.

"감성돔 수조에 난방을 하고 싶네."

"네? 물고기 수조에요?"

벽돌공은 자기도 모르게 방 안을 탐색하듯 둘러보았다. 방의 왼편과 오른편 구석에서 청동 화로 두 개가 숯불의 미지근한 온기를 피워 올리고 있었다. 물속에 화로를? 어림없는 일이었다!

"여기 보게나. 불을 때서 물을 데우려면…….."

오라타가 점토판에 설계도를 그리기 시작했다. 그림 솜씨가 좋다고 하기는 어려웠지만 선 하나하나에 자신감이 묻어났다. 수없이 그리기를 반복한 끝에 점토판을 벽돌공에게 내밀었다. 벽돌공은 호기심이 가득한 눈빛으로 점토판을 뚫어지게 들여다보았다.

"여기, 이 가마에서 불을 피우는 거지. 그러니까 연기와 불로 데운 공기를 수조 아래로 지나가게 하는 구조일세. 알겠나? 여기, 수조 밑으로."

오라타는 손가락으로 점토판을 콕콕 치면서 말했다. 손끝에 쉽사리 흩어지지 않을 집요함이 배어 있었다.

하지만 벽돌공은 고개를 설레설레 저었다. 수조 아래로 연기를 지나가게 하다니! 그런 얘기는 태어나서 한 번도 들어 본 적이 없었다. 연기는 굴뚝으로 빠져나가는 게 정상이 아닌가?

"왜 할 수 없다는 건가? 정말 할 수 없는지 잘 생각해 봐!"

오라타가 버럭 소리를 질렀다.

'정말 할 수 없냐고?'

벽돌공은 저도 모르게 그 대답을 찾아 스스로에게 질문을 던졌다.

점토판과 첨필

종이와 펜이 발명되기 전, 고대 서양에서는 점토판(tabula)과 첨필(stilus)을 필기구로 활용했다. 놀랍게도 요즘 우리가 즐겨 사용하는 디지털 기기 중 하나인 태블릿 피시와 스타일러스 터치 펜의 명칭이 바로 여기에서 유래했다고 한다.

'안 될 것도 없지 않아?'

"수조 밑의 바닥을 위쪽으로 좀 돋우는 거야. 그리 힘든 일도 아니라고. 내 생각에는 이 정도면 충분할 것 같은데……. 물고기들을 위해 따뜻한 욕조를 공중에 달아매는 셈이지."

오라타는 바닥을 높이자는 생각을 확실히 전하기 위해, 자기 무릎보다 조금 위쪽의 한 지점을 손으로 가리켰다.

"작은 기둥을 여럿 세워야 할 겁니다."

벽돌공이 천천히 입을 뗐다.

"바로 그거야! 신전 기둥처럼. 수조를 받칠 기둥을 여러 개 세우는 거지. 그러면 기둥 사이로 따뜻한 연기가 통과할 수 있을 테니까."

"그다음엔요? 연기는 어디로 빠져나가죠?"

오라타의 얼굴이 환해지더니 금세 입가에 흡족한 미소가 번졌다. 바로 그런 질문을 기다렸다는 듯한 표정이었다.

"벽에다 빈 공간을 만드세. 그러면 연기가 굴뚝으로 빠져나갈 수 있지."

"예, 가능할 것 같습니다."

벽돌공은 자기도 모르게 웃음을 지었다.

"그럼 해 보자고!"

오라타는 신이 나서 이렇게 외치며 벽돌공의 어깨를 힘껏 두드렸다.

"굴 하나 더 먹겠나?"

"고맙지만 괜찮습니다."

훗날 이 난방 기술은 '히포카우스트'라 불렸다. 로마의 공중 목욕탕인 '테르메'에서는 이 기술을 적용해 온수를 공급했다. 바야흐로 온탕 시대가 열리게 된 것이다. 공중탕 아래쪽에 있는 아궁이에 불을 때면 뜨거운 연기가 돌기둥 사이를 지나 위쪽으로 상승하면서 물을 데우는 원리로, 요즘 우리가 사용하는 보일러의 작동 방식과 크게 다르지 않다.

카이우스 세르기우스 오라타(Caius Sergius Orata, ?~?)
기원후 1세기에 활약한 로마 상인. 로마 고위층 인사들의 욕망을 귀신같이 읽어 냈고, 그들을 주 고객으로 삼은 양식업과 부동산 매매로 큰 이윤을 남겼다. 경영 감각이 탁월해 당대 사람들 사이에서 '호숫물이 바닥나면 지붕에서라도 굴을 기를 사람'이라고 회자되었다.

온돌에서 인분 연료까지,
열 에너지를 잡아라!

"나폴리 별장에 투자하세요!"

▌로마 귀족들의 휴양지였던 나폴리 호화 빌라에 남아
있는 벽화. 1세기경의 나폴리 모습이 담겨 있다.

사실 오라타가 난방이 되는 목욕탕을 고안한 진짜 속셈은 따로 있었다.

오라타의 굴 양식장이 있던 나폴리는 부유층의 휴양지로 유명했다. 항구를 굽어보는 높다란 산자락 위에는 호화 저택이 늘어서 있었는데, 상류층이라면 누구나 거기에 별장을 두고 싶어 했다.

오라타는 귀족들의 저택을 사들여 난방 공사를 했다. 개조를 완벽하게 마친 뒤에는 시세보다 훨씬 비싼 값에 내놓았다. 얼마 안 가, 오라타의 목욕탕은 신식 나폴리 별장의 필수 옵션이 되어 버렸다!

온탕을 탄생시킨 '히포카우스트'?

고대 로마의 난방 기술인 히포카우스트는 건축물의 바닥재 밑에 작은 돌기둥들을 여럿 세워 빈 공간을 만든 뒤, 아궁이에서 땐 뜨거운 공기를 돌기둥 사이로 지나가게 해서 공간을 데우는 방식이다. 오라타가 발명한 난방 기술이 히포카우스트가 맞는지 아닌지에 대해서는 아직 학자들 사이에서 의견이 분분하다.

어쨌든 로마의 도시와 식민지 곳곳에 거대한 목욕탕이 들어설 때마다 히포카우스트가 사용되었다. 로마 황제들은 민심을 얻기 위한 복지 정책의 일환으로 목욕탕을 연거푸 지었고, 목욕탕은 헬스장이자 사교 클럽, 쇼핑센터로 활용되었다. 혹시 이탈리아 폼페이를 방문할 일이 있다면, 공중 목욕탕 터인 '테르메 스타비아네'를 꼭 찾아가 보자. 아직도 그곳엔 히포카우스트가 남아 있다고 하니까.

어라, '온돌'이랑 닮은꼴?

가만 보면 히포카우스트는 온돌과 비슷한 구조다. 한국의 전통 난방 방식 온돌은 장작불을 때는 아궁이, 불길을 통과시켜 구들장을 데우는 고래, 연기를 배

히포카우스트의 구조를 엿볼 수 있는 그림. ⓒMithrandirASDF (CC BY SA 3.0)

출하는 굴뚝으로 구성된다. 아궁이에서 일으킨 불기운이 방바닥 밑으로 지나면서 공간을 데우는 것이다. 요즘 우리가 쓰는 난방 방식은 보일러 관을 방바닥에 빼곡하게 깐 뒤, 온수를 순환시켜서 바닥을 데우는 개량식 온돌인 셈이다.

▋ 요즘은 바닥재 아래 온수관을 설치하는 개량식 온돌을 많이 사용한다. ⓒKiwiev

열의 이동 방법, 복사·전도·대류 ☆

히포카우스트와 온돌은 둘 다 열의 이동 방법인 복사·전도·대류를 활용하고 있다.

① **복사** : 아궁이에서 불을 지피면 연기가 방바닥(구들장) 밑 통로를 따라 퍼지면서 복사열이 발생한다. '복사'란 물질과 물질의 표면이 직접 닿지 않아도 곧바로 열 에너지가 전달되는 현상이다. 지구가 태양빛으로 따뜻해지는 것도 복사이다.

② **전도** : 뜨끈해진 방바닥에 주저앉으면 바닥의 온기가 우리 몸을 따뜻하게 녹여 준다. 흔히 '궁둥이를 지진다.'고 표현할 때 일어나는 현상이 바로 전도다. '전도'란 물질과 물질의 표면이 접촉해 있을 때 분자들의 충돌에 의해 열이 이동하는 현상이다. 금속은 비금속 물질보다 열을 잘 전도한다.

③ **대류** : 따뜻한 공기는 위로 올라가고 찬 공기는 아래로 내려와 방 전체가 훈훈해진다. 이처럼 액체나 기체가 순환하면서 열이 전달되는 것을 '대류'라

고 한다. 이런 까닭에 보통 난로는 아래쪽에, 에어컨은 위쪽에 설치한다. 공기의 대류로 냉난방을 극대화하기 위해서다.

인분을 난방 연료로 사용한다고?

한국의 울산과학기술원(UNIST)은 변을 난방 연료로 사용하는 '비비 화장실'을 개발했다. 비비 화장실에서 볼일을 보면, 대변이 건조기로 빨려 들어가 분말이 된다. 이것을 꺼내 '혐기 소화조'라는 통에 넣으면 미생물이 대변 분말을 메탄가스와 이산화탄소로 분해한다. 메탄가스는 실험실의 난방·조리 연료로 사용되고, 이산화탄소는 녹조류의 밥이 된다. 녹조류를 짜서 나온 식물성 기름은 화학 처리해서 바이오 디젤 연료로 쓴다.

이것의 값어치를 돈으로 환산하면 자그마치 500원! 100인분의 대변이면 대략 열여덟 사람이 따뜻한 물로 샤워를 할 수 있다. 대변을 제공하는 방문객들에게는 1회당 사이버 화폐 '10꿀'이 지급된다고 하니, 울산과학기술원에 갈 일이 있으면 꼭 이용해 보도록 하자.

▌비비 변기에 대변을 제공한 사람에게 지급하는 사이버 머니. 이 돈으로 연구실에서 재배한 샐러드를 구입할 수 있다. ⓒUNIST

나는 가슴속 깊숙이 있는 것을 모조리 털어놓고 싶었어요.

문득 "종이는 사람보다 참을성이 강하다."는 속담이 떠올랐지요.

……내가 일기를 쓰는 것은 진실한 벗이 없기 때문입니다.

— 안네 프랑크, 《안네의 일기》 중에서

종이,
무한 변신의 귀재

105, 중국
한나라 뤄양

PAPER

한나라의 사마천이 쓴 《사기》는 동양 최고의 역사서로 꼽힌다. 그 당시 사람들은 대개 나무껍질이나 비단에 글을 적었다. 사마천은 가로 5cm, 세로 30cm 크기로 나무껍질을 잘라 실로 엮은 목간에 526,500자를 적었다. 그런데 목간은 너무 무거운 데다 관리하기가 몹시 까다로웠다. 그렇다고 비단에 글을 적기엔 값이 너무 비쌌다. 나무껍질이나 비단 대신 글을 쓸 만한 물건이 어디 없을까?

채륜, 한나라 황실의 상방령이 되다

채륜은 황궁의 견고한 철문 밖으로 나섰다. 온갖 사람과 동물이 뒤섞여 오가는 저잣거리는 떠들썩하니 활기가 넘쳤다. 모든 게 황제의 뜻에 맞추어 질서 정연하게 움직이는, 심지어 파리 한 마리조차 날아다니지 않는 황궁 안쪽의 분위기와는 너무나 달랐다.

10여 분쯤 걸어서 리콴 술집에 도착했다. 술집 주인이 채륜을 반갑게 맞이했다.

"마오타이(세계 3대 명주로 꼽히는 중국 술)를 준비할까요, 나리?"

채륜이 고개를 끄덕이자, 주인이 마오타이를 내왔다. 그는 술을 한잔 가득 따르고는 나지막이 중얼거렸다.

"미래를 위하여!"

오늘은 특별히 기념할 만한 일이 있었다. 황제가 환관인 그를 황실 물건과 무기를 제작하는 공방의 책임자, 즉 상방령으로 임명했던 것이다. 명예와 부가 약속된 자리였다. 그만큼 위험천만한 임무이기도 했다. 그가 제작해 바친 물건들이 황제의 마음을 사로잡지 못한다면, 그 대가로 목숨을 내놓아야 할지도 모르니까.

주변이 시끄러워 둘러보니, 상인 두 명이 입씨름을 벌이고 있었다. 말씨를 보아하니 서쪽 지방에서 온 듯했다. 그들은 어떤 물건의 값어치를 두고 언쟁을 벌이는 중이었다. 푸짐한 술상 한가운데를 떡하니 차지하고 있는 것이 바로 문제의 물건인 듯했다.

호기심이 발동한 채륜은 두 상인에게 말을 걸었다.

"실례합니다만, 그 물건 좀 보여 주시겠습니까?"

그림을 그릴 수 있는 신비한 물건, 종이

상인들은 말을 뚝 멈추고는 채륜을 머리끝에서 발끝까지 샅샅이 훑어 내렸다. 그러고는 짐짓 경계하는 목소리로 물었다.

"왜 그러시오?"

"나는 채륜이라고 합니다. 황실 물건을 제작하는 공방의 책임자이지요. 맡은 일이 그렇다 보니 신기한 물건에 관심이 많습니다."

두 상인은 눈을 동그랗게 뜨더니, 자기들끼리 재빨리 눈길을 주고받았다. 어느새 의심의 눈초리는 사라지고, 탐욕의 빛이 번득였다. 이윽고 그들은 새하얗고 얇은 것을 채륜에게 건네었다. 언뜻 천 같아 보였다. 그런데 희한하게도 천 조각처럼 축 늘어지지 않고 적당히 편편한 모양을 유지했다.

채륜은 그것을 손에 쥐고 이리저리 돌려 보며 물었다.

"이게 뭡니까?"

"종이라고 합니다. 그 위에 그림을 그릴 수 있지요."

채륜은 그 말에 귀가 번쩍 뜨였다.

"여기에 그림을 그린다고요?"

그림을 그릴 수 있다면, 글자 또한 적을 수 있을 것이다! 그 당시에는 주로 대나무나 비단에 글을 썼다. 대나무에 글을 적고 나면 너무 무거워서 가

최초의 종이?

오랫동안 종이의 발명가는 채륜으로 알려져 왔으나, 그보다 200~300년가량 앞서 나온 종이가 있었다. 바로 중국 간쑤성의 팡마탄 지역에서 발굴된 팡마탄지였다. 여기에는 붓으로 그림을 그린 흔적이 남아 있어서 지도나 포장지처럼 보였다. 팡마탄지가 발견된 후, 채륜의 업적은 종이를 발명한 것이 아니라, 포장지로 쓰이던 종이를 개량해 낸 것으로 수정되었다.

지고 다니기가 여간 번거롭지가 않았다. 비단에다 글을 쓰기도 했지만 값이 너무 비싸 엄두를 내기가 힘들었다. 가벼우면서도 값이 싼 물건이 있다면 그만큼 황실 재정도 절약할 수 있을 터였다.

"이걸 누가 만들었습니까?"

상인들은 눈짓을 주고받더니 손을 휘휘 내저었다.

"그걸 누가 알겠소? 우리도 건너 건너 아주 어렵게 구한 물건이라오. 시골 농부들이 만들었다는 얘기를 듣긴 했소. 한데 만들 줄 아는 사람이 드물어서 우리도 끽해야 서너 장 구하는 게 다요."

고대 서양에서는 어디에 글을 썼나?

고대 이집트인들은 나일 강변에서 자라는 수초 '파피루스'를 돛이나 천, 방석, 밧줄, 종이 등을 만드는 데 썼다. 종이로 만들 때는 겉껍질을 벗긴 뒤 줄기 속의 부드러운 부분을 얇게 찢고 엮어서 건조시켜서 두루마리 형태로 사용했다. 그런데 워낙 잘 찢어지는 데다 곰팡이까지 피는 단점이 있었다. 요즘 우리가 사용하는 '종이(paper)'라는 말은 바로 파피루스에서 비롯된 것이다.

파피루스로 만든 종이는 그리스를 거쳐 로마에서 널리 쓰였다. 그러다 페르가몬(고대 그리스의 부유한 도시)의 에우메네스 왕 2세가 도서관 짓는 일에 집중하자, 이를 막기 위해 이집트의 프톨레마이오스 왕조 때부터 파피루스의 수출을 막기 시작했다. 결국 페르가몬에서는 양이나 염소 가죽을 가공한 양피지에다 글을 썼는데, 이는 한꺼번에 많은 양을 생산할 수 없어서 값이 너무 비쌌다.

그러자 옆의 상인도 두 눈을 빛내며 거들었다.

"세상에 거의 알려진 바 없는 오래된 비법이 있다던데……. 이 정도면 최고 품질이지 않소? 값이 꽤 나가긴 하지만, 황궁에서 일하시는 나리께는 특가로 내드릴 수 있소."

그 말에서 '인생에 두 번 다시 오지 않을 기회가 왔으니, 한몫 단단히 잡아 보자!'고 하는 상인들의 속내가 빤히 읽혔다.

채륜은 종이를 손끝으로 스치며 감촉을 느껴 보았다. 공중으로 높이 들고 흔들기도 하면서 꼼꼼하게 살폈다. 정말로 여기에 글자를 쓸 수 있다는 건가? 글을 쓸 수 있다면 얼마나 오랫동안 지속될 수 있을까? 사실 직접 사용해 보기 전에는 알 수 없는 일이었다.

"종이는 황제 폐하의 이름으로 압수하도록 하겠소."

채륜은 단호한 목소리로 선언하듯 말했다.

"아니, 그게 대체 무슨 소리요!"

"대신에 마오타이를 드리지요. 거절하지 마시오, 귀한 술이니!"

채륜은 종이를 들고 술집 밖으로 나온 뒤, 햇빛이 잘 드는 담벼락에 기대섰다. 눈을 가느스름하게 뜨고서 종이를 샅샅이 살피기 시작했다. 역광에 비춰도 보고, 냄새도 맡아 보았다. 혀끝으로 맛을 보고 손톱으로 긁어도 보고, 한 귀퉁이를 조각조각 찢어도 보았다.

그러고는 고개를 천천히 끄덕였다.

"섬유질이군. 음, 말린 섬유질이야."

해진 천과 밧줄, 그물로 끓인 섬유질 죽!

이틀 뒤, 공방의 뜰에는 온갖 잡동사니가 들어찼다. 다양한 종류의 나무 껍질과 천, 밧줄, 그물 등이었다.

지나가던 환관이 뜰 안을 들여다보고 고개를 갸웃거리며 말했다.

"고물을 수집하나? 이게 다 뭔가?"

"황제 폐하를 위한 일일세."

"흠, 악취나 풍기지 않았으면 좋겠군그래."

환관은 입을 삐죽이며 돌아섰다. '상방령 나리가 됐다고 쓰레기를 모아다 놓고도 어깨에 힘을 주는군!' 하고 중얼거리는 것 같았다.

그러거나 말거나 채륜은 제 할 일을 했다. 먼저 시종을 시켜 커다란 화덕에 물을 끓이게 했다. 그러고는 뜰 안에 펼쳐 놓은 여러 가지 재료를 만져 보고, 냄새 맡고, 맛보면서 조금씩 잘라낸 뒤 물이 펄펄 끓고 있는 큰 통에 집어넣었다. 가끔씩 통 속을 국자로 휘휘 저어 주었다. 그 모습이 마치 새로

식이 섬유는 알아도 섬유질은 모른다고?

다이어트에 관심이 있는 10대라면 식이 섬유라는 말을 한 번쯤은 들어 보았을 것이다. 그 식이 섬유가 바로 섬유질이다. 섬유질은 식물 세포벽의 주된 성분으로, 채소와 과일에 풍부하게 들어 있고, 열량이 낮아 성인병 예방과 다이어트에 도움이 된다. 하지만 사람의 소화 기관에는 식이 섬유를 분해하는 효소가 없기 때문에 먹는 족족 몸에서 빠져나간다. 그러면서도 포만감이 오래가기 때문에 군것질을 방지해 멋진 몸매를 가꾸도록 도와주는 것이다! 섬유질의 화학 용어는 셀룰로스다. 셀룰로스는 물에 녹지 않을 뿐 아니라, 매우 질기고 튼튼하기 때문에 판지나 종이의 재료로도 많이 쓰인다.

운 요리를 연구하는 요리사 같았다.

시간이 한참 흐른 뒤, 형태가 다 으깨어져 흐물거리는 혼합물 덩어리가 만들어졌다. 채륜은 그 덩어리를 건져 내 널빤지에 얇게 펼친 뒤, 가느다란 막대기로 이쪽저쪽을 찔러 보며 꼼꼼히 살폈다. 그러다 이내 불만스러운 듯이 고개를 가로저었다.

채륜은 연거푸 새로운 혼합물을 만들었다. 무엇과 무엇을 섞느냐에 따

라, 또 무엇을 더 넣고 더 빼느냐에 따라 섬유질 덩어리의 강도가 달라졌다. 이번에는 백단향 나무껍질을 더 넣고, 양모는 아까보다 양을 줄였다. 거기에 그물과 대마 밧줄을 더 보탰다. 그렇게 하루가 흘러갔다.

저녁 무렵, 아까 그 환관이 다시 뜰 안으로 고개를 디밀었다.

"아직도 그 쓰레기들이랑 씨름 중인가?"

채륜은 오직 통 속에 눈길을 고정하고 있을 뿐, 아무 대꾸도 하지 않았다.

몇 날 며칠에 걸쳐 실험을 계속했다. 그러자 걸핏하면 나타나 쓸데없이 참견을 하던 환관도 지쳤는지 더 이상 나타나지 않았다.

그러던 어느 날이었다. 채륜은 자기도 모르게 탄성을 내질렀다.

"됐다! 됐구나, 됐어!"

채륜은 곧 물통을 큰 체에 받쳐 내용물을 쏟아 섬유질 덩어리를 걸러 냈다. 그러고는 널빤지 위에 섬유질 덩어리를 올려 최대한 얇게 펼쳤다. 그다음에 다른 널빤지를 가져다가 덮은 뒤 묵직한 바위를 올려 압력을 가했다.

이제 햇빛에 내놓고 물기가 마르기를 기다리는 일만 남았다. 하루, 이틀, 사흘, 나흘……. 두 개의 널빤지 사이에 있는 혼합물이 완전히 마르는 데는 꽤 긴 시간이 걸렸다.

2주일이 흐른 뒤, 채륜은 조심스레 위쪽 널빤지를 들어 올렸다. 아니나 다를까! 기대했던 것만큼 얇고 하얀 막이 펼쳐져 있었다. 검은 줄이나 얼룩처럼 보이는 무늬가 눈에 밟히긴 했지만, 상인들이 보여 준 종이보다 훨씬 더 희고 질겼다.

채륜은 흥분을 감추지 못한 채 서둘러 붓을 집어 들었다. 먹물이 빠르게 흡수되면서도 크게 번지지 않아서 글씨가 아주 또렷했다. 채륜은 종이를 둘둘 말아서 겨드랑이에 끼고는 황제를 알현하러 갔다.

황제는 종이를 손에 들고 흔들어 보았다. 그러자 팔랑팔랑 소리가 났다. 그 소리가 파리 한 마리 날아다니지 않는 황궁 안의 적막을 단박에 깨뜨렸다. 황제는 곧 입을 함지박만 하게 벌리며 흡족한 얼굴로 감탄을 쏟아 냈다.

"오, 참으로 흥미로운 물건이로구나!"

파피루스에서 화학 펄프까지,
새로운 변혁의 씨앗으로 거듭나다

채륜, 종이의 신으로 등극하다

채륜이 만든 종이는 이전에 포장지로 사용하던 것보다 얇고 매끄러웠다. 목간
이나 비단보다 글을 적어 보관하거나 이동하기가 편리했다. 게다가 값이 싸서 보
다 많은 사람이 글을 읽고 쓰는 혜택을 누렸다.

황제는 그 공을 높이 사서, 채륜에게 높은 벼슬을 내렸다. 황제의 신임을 얻고
권력도 손에 쥐었지만, 채륜은 늘 진실한 간언으로 나랏일을 돌보았다. 오늘날 중
국은 채륜을 '종이의 신'으로 부르며 기념관을 세워 기리고 있다.

채륜(蔡倫, ?~121)

중국 한나라 시대의 환관. 18세에 황궁에 들어간 뒤, 여러 자리를
거쳐 궁중 도구 공방의 책임자가 되었다. 그는 거칠고 두꺼운 종
이를 개량해 지금 우리가 사용하는 것과 비슷한 종이를 만들었다.
황제의 신임을 얻어 국가 정책 결정에 참여하기도 하고, 유교 경
전을 다듬어 편찬하는 일을 총감독하기도 했다. 하지만 정쟁에 휘
말리는 바람에 독약을 먹고 생을 마감했다.

중국 한나라에서 이슬람으로! ✦

누구나 한 번쯤 오래전에 쓴 일기장을 들춰 보고 얼굴이 빨개진 경험이 있을 것이다. 오죽하면 유럽에 이런 속담이 전해지게 되었을까?

"종이는 사람보다 참을성이 강하다."

종이는 제아무리 부끄러운 말도 묵묵히 받아들이고 오랫동안 간직해 주니까.

그런데 종이의 역사를 살펴보면, 이 속담이 그리 만만치 않게 다가온다. 각종 전쟁에서 불타 버리면서도 끝끝내 살아남아 역사의 증거가 된 이력이 그야말로 파란만장하기 때문이다.

제지술은 한동안 황실의 기밀로 철저히 보호되었다. 그러다가 중국의 남북조 시대(5~6세기)부터 조금씩 세상에 알려지기 시작했다. 양쯔강 유역을 중심으로 질 좋은 종이가 만들어졌고, 7세기에는 한반도를 거쳐 일본까지 전해졌다. 그 후 8세기에는 서쪽의 이슬람 세계로 뻗어 나갔다.

7세기까지만 해도 동아시아에서만 알음알음 전해지던 종이가 8세기에 서양으로 건너가게 된 결정적 사건은 751년에 벌어진 탈라스 전투이다.

중세 최고 학문의 전당, 지혜의 집 ✦

751년 당시, 서아시아는 이슬람이 패권을 장악하고 있었고, 동아시아는 중국의 당나라가 최강자로 군림하고 있었다. 그 둘은 점점 세력을 확장해 나가다가 중앙아시아의 탈라스강(키르기스스탄과 카자흐스탄의 국경 지대에 흐르는 강) 유역에서 딱 맞닥뜨렸다. 이 전투에서 당나라군이 패하는 바람에 무려 2만여 명이 포로로

지혜의 집.

잡혀갔는데, 그 가운데 종이 만드는 기술자가 끼여 있었다.

포로들의 손에서 만들어진 종이는 이슬람 세계의 지식인들을 순식간에 매료시켰다. 곧 실크로드의 상징이자 중간 기착지인 사마르칸트에 최초의 종이 공장이 문을 열었다. 이슬람 학자들은 수학과 철학, 과학의 사상을 열정적으로 종이에 기록했으며, 그리스 고전을 가져다 아랍어로 번역해 옮겼다. 그렇게 해서 유럽과 이슬람의 지식을 집대성한 문헌이 차곡차곡 쌓여 갔다. 9세기 중엽, 이슬람의 아바스 왕조는 수도 바그다드에 '지혜의 집'이라는 대형 도서관을 세웠다. 지혜의 집은 40만 권의 장서를 보유한 세계 지식의 보물 창고로 자리 잡았다. 세계 각지에서 학자들을 초빙해 지식을 쌓고 연구를 거듭한 덕분에 지금 우리가 사용하는 '아라비아 숫자'를 개발해 내기도 했다.

하지만 안타깝게도 13세기에 몽골군과의 전투에서 크게 패하는 바람에 이 도서관은 불타 버리고 말았다. 책에서 흘러나온 잉크가 티그리스 강을 검게 물들였을 정도라고 하니, 그때 사라진 책들이 얼마나 많을지 짐작할 만하다.

그렇다고 종이의 여행이 끝난 것은 아니다. 이슬람인들에게서 제지술을 배운 유럽인들의 손과 손을 거쳐, 종이는 여행을 계속 이어 갔다. 그리고 마침내 이 하얗고 얇은 섬유질 막은 15세기에 이르러 구텐베르크의 인쇄술과 만나게 되었다.

이로써 종이는 또 한 번 새로운 변혁의 시대에 씨앗이 되어 르네상스와 종교 개혁, 과학 혁명을 꽃피우는 발판으로 거듭났다.

식물 섬유질에서 화학 펄프까지

그렇다면 지금 우리가 사용하는 종이는 어떻게 만들어질까? 다 알다시피, 기계로 대량 생산을 하고 있다.

음, 종이의 고향은 숲이다. 종이 원료인 섬유질은 식물 세포의 세포막을 둘러싼 맨 바깥벽, 그러니까 식물 세포벽의 주성분인 셈이다. 미세한 실 모양으로 이루어져 있으며, 리그닌이라는 물질로 강하게 결합되어 있다. 나무가 뼈대도 없이 엄청난 키와 무게를 견딜 수 있는 이유이다.

종이를 만들기 위해서는 먼저 이 단단한 결합을 풀어야 한다.

① 나무를 베어 껍질을 벗겨 낸 뒤 잘게 부순다. 종이 원료로는 침엽수가 가장 많이 쓰인다.

② 나뭇조각에 화학 약품을 첨가해 고온·고압에서 끓인다. 그러면 리그닌이 녹아 섬유질의 결합이 끊어지면서 액체로 변한다.

③ 나무 액체에서 이물질을 제거한 뒤 약품으로 표백을 한다.

④ 글씨를 썼을 때 잉크가 배어 나오는 것을 막기 위해 코팅을 한다.

복사 용지처럼 유난히 하얀 종이에는 형광 증백제라는 염료가 들어 있다. 형광 증백제는 식품위생법에 의해 식품의 용기 또는 포장지에 첨가하는 것이 금지되어 있다. 간혹 종이에 과자를 올려 놓고 먹는 경우가 있는데, 너무 하얀 종이는 건강을 위해 그런 용도로 사용하지 않는 편이 좋다!

미국 브리검영 대학교 연구원들이 종이 접기 기술을 이용한 태양 전지판의 구조를 살펴보고 있다.©NASA/JPL-Caltech/BYU

종이 접기의 무한 변신, 우주 공학의 희망이 되다 ⭐

  종이의 특징 가운데 하나는 접고 펼 수 있다는 점이다. 왜 그럴까? 종이를 구성하는 섬유질이 부분적으로 끊어져도 다른 부분들이 결합을 유지해 주기 때문이다. 그래서 종이 접기가 얼마든지 가능하다. 종이 접기는 6세기에 중국에서 맨처음 시작되었다고 전해지는데, 최근에는 우주 공학과 로봇 공학에서 활용되고 있다고 해서 눈길을 끈다.

  미국 항공 우주국(NASA)과 브리검영 대학교는 종이 접기에서 아이디어를 얻어 부피를 9분의 1까지 줄일 수 있는 태양 전지판을 공동 개발하고 있다. 인공위성이나 탐사 로봇, 우주 정거장 등은 태양 전지로부터 전력을 공급받아 작동을 한다. 그동안은 지상에서 대형 태양 전지판을 만들어 사용했는데, 부피가 너무 커서 우주로 실어 나를 때마다 어려움이 많았다. 종이 접기 기술을 도입하면 부피가 줄어들어서 운반이 쉬워질 뿐 아니라 그만큼 운송비도 줄어들게 된다.

또, 종이 접기 원리를 이용해 새로운 개념의 로봇을 설계하기도 한다. 우리는 흔히 '로봇' 하면 여러 가지 크고 작은 부품을 정교하게 조립해서 만드는 기계를 떠올린다. 서울대학교 기계항공공학부 조규진 교수는 〈한겨레〉와의 인터뷰에서 이렇게 말했다.

> "로봇을 작게, 더 작게 만드는 데엔 한계가 있어요. 볼트, 너트, 이음매 같은 기계 부품이 작아지면 마찰 문제는 커지죠. 그런데 종이 접기 원리를 빌리면 한 장의 평면에서 접힘 구조를 이용해 이런 기계 장치 기능을 대체할 수도 있습니다."
> ─2018년 4월 23일, 〈한겨레〉, 〈부품 필요 없는 종이 접기…… 로봇 공학을 바꾸다〉 중에서

종이의 무한 변신을 보노라니, 영화 〈트랜스포머〉의 포스터에 적혀 있던 말이 떠오른다.

"함부로 상상하지 마라! 모든 것은 변신한다!"

▌ 미국 항공 우주국이 울퉁불퉁한 지표면, 용암 터널, 얼음으로 덮인 대지 등, 화성의 거친 땅을 구석구석 탐사하기 위해 만든 접이식 로봇 '퍼퍼'. 동전과 비교해 보면 알 수 있듯, 크기가 매우 앙증맞다.ⓒNASA/JPL–Caltech

아무리 힘든 일이 있어도 나는 다시 일어날 것이다.

깊은 절망 속에서 던져 두었던 연필을 다시 쥐고

계속 그림을 그릴 것이다.

— 빈센트 반 고흐(네덜란드의 화가)

연필,

평등한 사회를 꿈꾸다

1795, 프랑스 파리

PENCIL

1789년, 바스티유 습격 사건으로 시작된 프랑스 혁명은 국왕 루이 16세를 단두대로 보내고 공화국 정부를 세웠다. 유럽의 왕들은 혁명의 물결이 번질 것을 염려한 나머지, 1793년에 영국·오스트리아·프로이센·스페인 등을 중심으로 동맹을 결성한 뒤 프랑스를 상대로 전쟁을 일으켰다. 그런데 이때부터 프랑스에선 더 이상 연필을 수입할 수 없게 되었다. 바로 연필심의 주재료인 흑연의 주요 산지가 영국이었기 때문. 결국 프랑스는 전쟁터에서 깃털 펜으로 작전 명령을 적어야 하는 상황에 처하고 마는데…….

콩테, 최고 권력자의 부름을 받다

　프랑스의 화가이자 과학자이자 장교인 콩테는 요즘 식으로 말하면 '창의 융합형 인재'였다. 그 당시 프랑스는 전 유럽을 상대로 전쟁을 벌이고 있었다. 이 무렵 콩테는 최초의 공군(?!)이라 할 수 있는 '프랑스 기구 부대'를 창설해 병사들의 사기를 올리는 데 단단히 한몫했다.

　아무리 전도유망한 청년이라도 살다 보면 한 번쯤 가슴이 벌렁대는 날이 있는 법. 콩테에게는 1795년의 어느 날이 그랬다. 프랑스 권력층의 핵심이라 할 수 있는 라자르 카르노 장군이 호출을 했던 것이다. 그는 정치와 전쟁에서 탁월한 수완을 발휘한 덕에, 최고의 권력자로 군림하며 '위대한 카르노' 혹은 '승리의 조직자'로 불리는 이였다. 그는 왜 콩테를 부른 것일까?

　카르노 장군의 집무실 앞 대기실은 손님을 불편하게 만들려고 일부러

고안해 낸 장소 같았다. 언뜻 푹신해 보이는 빨간 벨벳 소파는 스프링이 망가져 엉덩이를 사정없이 찔러 댔다. 소파 앞에는 거대한 그림이 걸려 있었는데, 피비린내 나는 전투 장면이 어찌나 적나라한지 감동이 밀려오기는커녕 기분이 불쾌해질 지경이었다. 작은 화로는 또 어떤지! 최소한의 온기를 불러일으키기는커녕 검댕이를 풀풀 날리며 공기를 어지럽혔다.

갑자기 육중한 문이 덜컥 열리더니 카르노 장군이 모습을 드러냈다. 옷 깃과 소맷부리에 수놓인 은색 실이 햇빛에 번쩍번쩍 빛났다.

"콩테 군, 안으로 들어오게!"

콩테는 소파의 스프링 때문에 쓰라린 엉덩이를 손으로 살살 문지르며 방 안으로 들어갔다.

연필 한 자루로 누구나 평등한 세상을 꿈꾸다

"자, 초라한 방이지만 편히 앉게. 자네의 명성이 꽤 자자하더군. 기구를 정찰 무기로 사용할 생각을 한 것도 자네라지? 음, 대단해."

카르노 장군의 책상 위에는 거대한 대리석 흉상 두 개가 놓여 있었다. 콩테는 괜스레 압도되어 자기도 모르게 주눅이 들었다.

"과찬이십니다."

카르노 장군은 대뜸 연필 한 자루를 건네며 물었다.

"자네가 해 주어야 할 임무가 하나 있네. 이게 뭔지 아나?"

"연필······입니다."

"그래, 연필이지. 어디에 쓰는 물건인지는 알고 있나?"

콩테는 대화의 흐름이 영 이상하다는 생각을 하면서 우물거렸다.

"예, 글을 쓰거나 그림을 그리는데······ 사용합니다."

그러자 카르노 장군이 별안간 큰 소리로 외치듯 말했다.

기구 부대?

흔히 전쟁 사학자들은 공군의 첫 시작점을 1914년 제1차 세계 대전으로 본다. 하지만 그 전에 프랑스의 기구 부대가 엄연히 존재했다. 1794년에 만들어진 프랑스 기구 부대는 주로 정찰과 신호 통신, 선전물 배포를 담당했다.

"아니, 아니! 그냥 글자를 쓰고 그림을 그리는 도구가 아니네! 연필은 모든 시민이 글을 쓰고 그림을 그리게 해 줄 도구란 말일세! 프랑스가 문화적으로 발전하는 데 꼭 필요한 도구라고. 이해하겠나?"

콩테는 천천히 고개를 끄덕였다. 지금까지 그런 관점으로 연필을 바라본 적은 한 번도 없었다. 하지만 꽤 그럴듯하게 들렸다. 연필은 깃털 펜과 달리, 때와 장소를 가리지 않고 사용하기에 편리했다.

"연필의 핵심은 흑연이네. 그런데 전 세계에서 가장 순도 높은 흑연 광산이 어디 있는지 알고 있나?"

"영국이라고 들었습니다."

100년 넘게 전쟁을 했다고?

이웃한 나라 가운데서 사이가 나쁜 대표적인 나라가 바로 프랑스와 영국이다. 오죽하면 백 년 동안이나 앙숙이 되어 전쟁을 벌였을까? 1337년부터 1453년까지, 프랑스와 영국 사이에서 벌어진 전쟁을 '백 년 전쟁'이라 부른다. 영국이 프랑스를 병합하려는 야심을 품은 채 프랑스의 왕위 계승 문제에 개입을 하다가, 양모 공업 지대인 플랑드르에서의 주도권 싸움을 빌미로 프랑스를 공격하면서 전쟁이 시작되었다. 100여 년 동안 수차례 전투를 벌인 끝에 잔 다르크 등의 활약으로 프랑스가 승리를 거두면서 백 년 전쟁은 끝이 났다.

"맞네. 그런데 말이지, 난 영국을 아주 싫어하네!"

그렇게 말하는 카르노 장군의 얼굴이 붉으락푸르락했다. 영국을 싫어하는 프랑스인이라? 사실 새로울 것도 없는 일이었다. 14세기에 시작돼 반세기가량 이어진 백년 전쟁이 영국과 프랑스 두 나라 사이에 뿌리 깊은 적대감을 키웠으니까. 더구나 지금은 두 나라가 한창 전쟁을 하고 있지 않은가.

카르노 장군은 한결 차분해진 말투로 말을 이었다.

"독일에도 광산이 있긴 하지만, 흑연의 품질이 영국에 비해 현저하게 떨어지지. 독일 역시 우리 프랑스에 우호적이지도 않고……. 그래서 자네의 활약을 기대하고 있다는 걸세."

콩테는 깜짝 놀라 눈을 크게 떴다. 장군의 입술에 미소가 떠올라 있었다.

"국산 연필을 발명해 주게. 독일에도, 영국에도 의존할 필요가 없도록."

"장군님, 너무 갑작스런 제안입니다. 감히 확답을 드리기가 어렵습니다."

카르노 장군은 억센 손으로 콩테의 손을 쥐고 힘차게 흔들었다.

"겸손이 지나치군! 우리 프랑스는 자네만 믿고 있겠네."

콩테는 곤혹스런 심정으로 카르노 장군의 집무실을 나섰다.

"맙소사, 이건 정말 곤란한 주문이야."

콩테는 한숨을 내쉬며 센강을 따라 걸었다.

사실, 국내에서 흑연을 구할 방법이 전혀 없는 건 아니었다. 프랑스 광산에서도 흑연의 단괴(광물 덩어리)를 채굴할 수는 있으니까. 문제는 순도가너무 떨어져서 연필심으로 쓸 수가 없다는 것이었다. 영국의 배로우데일 광산이 유명한 것도 다 순수한 흑연봉을 만들 수 있기 때문이었다.

"가루로 내기는 쉬울 테지만······."

그때 문득 호기심이 생겼다. 종이에 흑연봉으로 줄을 그으면 검은색 흔적이 남으니까 가루로도 가능하지 않을까?

"그래, 가루를 굳힐 방법을 찾으면 돼!"

굵기 조절이 가능한 연필심이 탄생하다

콩테는 곧 프랑스산 흑연 단괴를 구해다 빻아서 가루로 만들었다. 그리고 가루에 이 물질 저 물질을 섞어 보았다. 연필심을 만들기 위해 다양한 배합을 시도해 본 것이다.

몇 달이 흐른 뒤, 마침내 콩테는 카르노 장군의 집무실을 다시 찾아갔다.

"자네가 놀라운 소식을 가지고 왔으리라 믿네, 콩테 군."

콩테는 연필 한 자루를 선뜻 건넸다.

"여기 있습니다."

카르노 장군은 연필을 자세히 살펴 보더니 종이 위에 선을 쭉 그었다.

"놀랍군. 정말로 국산 재료로만 만들었나?"

"그렇습니다. 프랑스산 흑연 가루 에 프랑스산 진흙을 섞은 뒤 화덕에서 구워 만든 연필심입니다. 그뿐만이 아닙 니다. 이 연필도 써 보십시오."

콩테가 다른 연필 두 자루를 건넸다.

카르노 장군은 그 연필들도 사용해 보았다. 새하얀 종이 위에 첫 번째 연필은 옅고 가는 선을, 두 번째 연필은 진하고 굵은 선을 남겼다. 카르노 장군은 곧 탄성을 내질렀다.

"이 연필들은 어떻게 만든 건가?"

"진흙과 흑연의 비율을 다르게 했더니 색다른 연필심이 만들어졌습니 다. 비율에 따라 단단하게도, 무르게도 만들 수 있습니다."

"아, 영국은 이런 연필들을 만들지 못하겠지! 아무리 순수한 흑연이 있 다 해도 말이야! 훌륭하군, 훌륭해! 프랑스는 자네에게 무지무지 고마워 하게 될 거야. 물론 보상도 따라야겠지."

흑연 연필에서 그래핀 휠체어까지,
나노 과학의 멋진 신세계

마찰력과 정전기의 나노 과학

"요즘 누가 연필을 써?"

샤프펜과 볼펜으로 빵빵한 필통을 갖고 다니는 10대 문구 덕후에게 연필은 구시대적 유물처럼 보일지 모르겠다. 하지만 호모 사피엔스의 역사 30만 년을 하루로 치면, 연필의 역사가 시작된 건 자정이 되기 2분 24초 전, 그러니까 불과 500여 년 전의 일이다.

연필의 첫 시작에 대해 정확한 기록이 남아 있지 않긴 하지만, 1500년대 초, 영국의 목동이 검은 막대기를 발견하고서 양털에 자기 양이라고 표시를 했다는 일화가 전해진다. 바로 그 검은 막대기가 연필심의 핵심인 탄소 물질, 바로 흑연이다.

흑연과 다이아몬드는 탄소 동소체다. 동소체란 동일한 원소로 이루어져 있지만 성질이 전혀 다른 물질을 뜻한다. ©Robert M. Lavinsky

책 귀퉁이에 연필을 죽 그어 보자. 그냥 보면 가느다란 실선 같지만, 현미경으로 들여다보면 널빤지처럼 편평한 흑연 입자들을 볼 수 있다. 종이와 연필심 사이에서 서걱대는 '마찰력'과 흑연 입자가 종이 섬유질에 집요하게 달라붙는 '정전기'가 글씨나 그림을 만들어 내는 것이다. 이것이 연필에 깃든 나노 과학의 세계이다.

그럼 연필이 대중화되기 전에는 무엇으로 글씨를 썼을까? 유럽에서는 포탄이 터지는 전장에서도 깃털 펜의 촉에 잉크를 묻혀 써야 했고, 아시아에서는 붓과 먹, 벼루 3종 세트를 무겁게 짊어지고 다녀야 했다. 그러니 연필의 출현은 가히 혁명이라 해도 부족함이 없다.

새 연필 한 자루로 56km쯤 되는 선을 그을 수 있고, 영어 단어 45,000개를 쓸 수 있다. 그뿐만이 아니다. 물속이나 우주 공간에서도 쓸 수 있다. (아, 실제로는 연필심 가루가 우주선을 고장 낼 위험이 있어서 쓰지는 않는다고 한다.)

흑연이 다이아몬드로 변신?

연필심의 주재료는 흑연이다. 앞서 이야기 속에서 보았듯이, 콩테는 흑연에 진흙을 섞어 진하기와 단단하기를 조절하는 방법을 고안해 냈다. 그러니까 우리

니콜라스 자크 콩테(Nicolas-Jacques Conté, 1755~1805)
프랑스의 과학자. 본래 초상화를 그리는 화가가 되는 게 꿈이었지만 혁명군 육군 장교로서 다양한 과학적 업적을 이루었다. 1798년에 나폴레옹의 이집트 원정에 따라가 빵·땔감·탄약 등을 현지에서 직접 제조했고, 나폴레옹으로부터 "사막에서도 예술을 창조해 는 천재"라는 극찬을 받았다. 기구 실험 중, 한쪽 눈을 잃었다.

가 사용하는 연필심은 순수한 흑연이 아닌 셈이다. 순수한 흑연은 다이아몬드(금강석)처럼 탄소로만 이루어진 물질이다.

아! 잠깐, 뭐라고? 한쪽은 문구계의 필부필부, 한쪽은 보석계에서도 원톱이건만 이 둘이 같은 원소로 이루어져 있다고? 이런 이유로 콩테가 흑연 가루에 진흙을 섞고 있을 무렵, 유럽의 다른 과학자들은 반대로 흑연을 다이아몬드로 만드는 방법을 찾느라 진땀을 빼고 있었다. 그것도 근대 화학의 아버지라 불리는 앙투안 라부아지에가 이 연구에 앞장을 섰다.

흑연으로 다이아몬드를 만들다니! 이 무슨 중세 시대 연금술사가 무덤에서 벌떡 일어날 소리냐고? 놀라지 마라. 요즘 미국에서는 합성 다이아몬드 반지가 엄청난 인기를 끌고 있다. 흑연을 1400~1800°에 이르는 초고온과 5~6만 기압 정도의 초고압 상태에 두면 다이아몬드로 바뀐다고 한다. 분자 구조가 똑같아서 전문가도 천연과 가짜를 구분할 수 없을 정도라나?

여기서 잠깐! SNS에서는 종종 전자레인지로 연필을 가열하면 다이아몬드를 만들 수 있다는 루머가 돌곤 한다. 호기심 강한 몇몇 네티즌들의 제보에 따르면, 직접 실험해 본 결과 헛소리로 판명이 되었다고 한다.

꿈의 신소재로 떠오르는 그래핀

흑연은 단지 다이아몬드만 만들 수 있는 게 아니다. 흑연은 탄소들이 벌집 형태로 배열된 층들이 겹겹이 쌓여 있는 구조다. 그 한 층을 그래핀이라고 하는데, 반도체에 사용되는 실리콘보다 전자 이동성이 빠르며, 강철보다 10배쯤 강하고, 열 전도성 또한 구리보다 탁월하다고 한다. 그래서 요즘 그래핀은 꿈의 신소재로 떠오르고 있다.

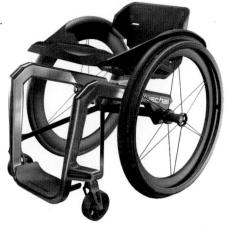

그래핀으로 만든 퀴샬사의
휠체어 슈퍼스타.ⒸKüschall

최근 스위스의 퀴샬사가 그래핀으로 1.5kg 짜리 초경량 휠체어를 개발했다. 그 전에는 사용자의 50~70% 가 무게 때문에 손목 부상을 입곤 했다. 하지만 이 휠체어 는 가벼워서 바퀴를 돌리는 데 손과 팔을 무리하게 사용 하지 않아도 된다고 한다. 이 휠체어의 이름은 바로 '슈퍼 스타'인데, 발걸이에는 이런 문구가 새겨져 있다.

"겁쟁이는 결코 시작할 줄 모른다. 빈약한 자는 결코 끝내지 못한다. 승자는 결코 멈추지 않는다."

승자가 멈추지 않듯, 지금 이 순간에도 흑연의 변신은 계속되고 있다.

▌제조사가 달라도 연필의 길이는 평균 18cm 이하로 비슷하다. 왜 그럴
까? 1840년경, 독일의 문구 기업 파버카스텔이 어른 손바닥의 손목에
서 가운뎃손가락 끝까지의 길이를 표준 규격으로 제안했기 때문이다.

내일의 기적 소리가 네게도 들릴 거야.
땀이 밴 꿈의 기차표를 움켜쥐어 봐.
노쇠한 대지를 힘껏 박차고
별들 저편으로 여행을 떠나자.

― 만화 영화 〈은하 철도 999〉 주제가 중에서

기관차,

철로에서 기적을!

1797, 영국 웨일스

STEAM
LOCOMOTIVE

증기 기관이 발명되기 전에는 사람이 쓸 수 있는 에너지가 근력과 수력, 풍력 정도였다. 그런데 1712년에 토머스 뉴커먼이 대기압 기관을 발명하면서 증기력이 새로운 동력으로 떠올랐다. 높이가 3~4층 건물만 한 대기압 기관은 광산의 물을 퍼내는 데 사용되었다. 50여 년이 흐른 뒤, 대학교의 실험 도구 제작자 제임스 와트는 뉴커먼 기관의 모형을 수리해 달라는 주문을 받았다. 와트는 그 작업을 하다가 효율성을 75%나 개선한 새로운 증기 기관을 만들어 특허를 땄다. 그 후 와트의 증기 기관은 광산뿐만 아니라 온갖 공장에 도입되면서 만능 동력 장치로 자리 잡았는데…….

증기 기관이 돈 먹는 기계라고?

리처드는 장대비 속에 아버지와 함께 서 있었다. 두꺼운 망토를 뒤집어쓰고 장화도 신었지만 뼛속까지 한기가 스며들었다. 그들의 시선은 오직 한곳, 거대한 기계에 쏠려 있었다. 바로 증기 기관이었다.

기계는 거대하고 흉측한 괴물처럼 증기를 푹푹 내뿜으며 끼이익 포효했다. 커다란 바퀴가 돌면서 지하 갱도에 고인 빗물을 연거푸 퍼 올렸다. 물이 빠져나간 갱도에는 이내 신선한 공기가 들어찼다.

"주석을 팔아 돈이 남을지 모르겠다. 어디, 장비 값이나 벌겠나……."

아버지는 이 광산의 책임자였다.

"그렇다고 이제 와서 말을 쓸 수는 없잖아요?"

리처드가 말했다.

"그렇지. 제임스 와트에게 지불할 특허 사용료와 석탄 값을 충당하고 나면 우린 파산을 해서 말 한 마리조차 부리지 못할 테니까!"

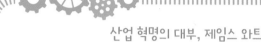

산업 혁명의 대부, 제임스 와트

1769년, 제임스 와트는 1712년에 뉴커먼이 만든 대기압 기관을 넘어서는 새로운 증기 기관을 발명하고 특허를 받아 냈다. 와트가 만든 증기 기관은 뉴커먼의 대기압 기관보다 열 효율이 네 배가량 뛰어났다. 영국 의회는 1784년까지였던 와트의 특허권을 1800년까지 연장해 주었다. 와트가 경제 부흥을 일으킨 공을 인정해 보다 완벽한 증기 기관을 만들 수 있도록 이례적으로 권한을 준 셈이다.

증기 기관은 목재소, 방적 공장, 제련소 등 온갖 공장에서 기계를 작동하는 동력원이 되었다. 그리고 생산 과정에 기계가 도입되자 표준화된 제품을 대량 생산해 냄으로써 공장주들은 물건을 싼값에 팔고도 충분히 이윤을 남길 수 있게 되었다.

증기 기관의 발달은 교통 기술의 혁신도 불러왔다. 증기 기관을 장착한 증기선이 승객을 태우고 먼 길을 오갔으며, 신항로를 개척해 인류의 역사를 바꿔 놓았다.

또, 기관차를 발명하는 데 발판 역할을 했을 뿐 아니라 유럽 각국에 철도 부설 붐을 일으키는 데 기여했다.

이처럼 여러 분야에서 기술 발전의 첫 단추를 끼운 것은 와트의 증기 기관이었다. 와트를 '산업 혁명의 아버지'라 부르는 것도 다 그 때문이다. 이러한 와트의 공적을 기려서 1889년에 영국과학진흥협회는 그의 이름을 국제단위로 채택했다. 대문자로 쓴 W, 즉 와트는 '단위 시간당 한 일의 양'을 뜻한다.

"이제 다른 증기 기관을 생각해 볼 때가 되긴 했지요."

리처드가 혼잣말처럼 중얼거렸다.

사실 리처드는 제임스 와트를 마음속 깊이 존경하고 있었다. 스물여섯 살 그의 인생을 통틀어 증기 기관만큼 가슴을 뛰게 하는 건 없었다. 주석 광산 곳곳에 설치된 증기 기관의 작동법을 리처드만큼 잘 아는 사람도 드물었다. 괴력을 자랑하는 이 새로운 기계 앞에서 절절매며, 사람들은 종종 리처드를 해결사로 호출하곤 했다.

"다른 증기 기관? 쳇! 와트가 그 꼴을 두고 볼 것 같니? 그자는 특허에 사활을 걸었다고. 돈 한 푼 샐 틈 없이 철저히 관리하고 있다니까."

아버지가 불평을 늘어놓았다.

"그래서 새로운 기계가 필요하다는 거예요."

리처드는 증기 기관 앞으로 한 발짝 더 다가섰다. 석탄 보일러에서 나오는 증기가 피스톤을 작동시켜 큰 바퀴가 돌아가도록 했다. 그러다가 다시 물로 만들기 위해 증기를 식히는 과정이 하염없이 되풀이되었다.

"대체 왜?"

리처드가 기계를 낱낱이 뜯어보며 중얼거리자, 아버지가 비에 젖은 망토 깃을 여미며 외쳤다.

"뭐가 문제니! 광맥에 대해서든, 주석에 관해서든, 뭐든 물어만 봐라! 웬만한 건 다 설명해 줄 테니까. 하지만 이 끔찍한 증기 기관에 관해서라면…… 아무래도 네가 한 수 위겠지."

괴물 엔진, 증기 기관

증기 기관은 처음에 탄광 깊은 곳에 고인 물을 퍼 올리기 위해 개발됐지만, 나중에는 갱에서 캐낸 광물을 땅 위로 끌어 올리는 데도 사용되었다. 증기 기관이 작동하기 위해선 많은 석탄이 필요했기에, 연료가 풍부한 탄광에서 특히 많이 사용되었다.

아버지가 어깨를 으쓱했다.

"와트의 증기 기관은 물을 데우는 데 석탄을 쓰고 있어요. 그리고 나선 그걸 식히는 데 또 연료를 사용하고요. 제 생각에…… 그건 엄청난 에너지 낭비거든요."

"내 말이 그 말이야. 이놈은 굶주린 벌레가 채소를 갉아 먹듯 석탄을 먹어 치운다고. 우리가 석탄 광산이면 또 몰라. 우리는 매번 석탄을 구입해야 하잖니? 석탄 1t을 여기까지 운반하는 데 드는 돈은 또 얼마야? 이건 그냥 돈 먹는 기계라니까!"

리처드는 미간을 약간 찌푸렸다.

"제가 와트의 증기 기관에서 정말 이해가 안 되는 건…… 바로 응축기예요. 수증기를 냉각시켜 다시 물로 바꾸는 장치 말이에요. 아버지, 저 밸브 보이세요?"

아버지가 고개를 끄덕였다.

"압력을 제한하는 데 쓰는 밸브예요. 압력이 높이 올라가면 밸브를 열어야 해요. 안 그러면 폭발하니까요."

"나 원, 꿈에라도 나올까 봐 무섭다. 그런 소리는 아예 하지도 말거라!"

아버지는 혹시라도 증기 기관이 폭발해 버릴 경우에 감당해야 할 경비를 계산하기 시작했다.

"그러니까 저 응축기가 문제예요. 와트가 낸 특허의 핵심이죠."

"그래그래, 잊으면 안 되지."

아버지는 아들의 말을 따라 읊조리며 고개를 끄덕였다. 아들이 펼치는 논리가 다 이해되는 건 아니었지만, 굳이 내색을 하고 싶지는 않았다.

리처드는 다시 혼자만의 생각에 빠져들었다. 손가락으로 파이프를 쭉 훑으며 쉴 새 없이 입술을 움직였지만, 말소리는 한마디도 밖으로 나오지 않았다.

몇 분이 지난 후, 아버지가 걱정스런 얼굴로 물었다.

"리처드? 괜찮니?"

"좋은 수가 생각났어요!"

스스로 움직이는 증기 기관을 발명하다

3개월 뒤, 리처드는 자신의 작업장으로 아버지를 불렀다.

"보세요!"

리처드가 광산에 있던 와트의 증기 기관보다 훨씬 더 작은 증기 기관을 손으로 가리키며 자랑스레 외쳤다. 그런데 이 증기 기관은 특이하게도 수레 위에 설치되어 있었다. 보일러의 밸브를 열어 놓아 연통으로 수증기가 쉬이 익 쉴 새 없이 새어 나왔다.

"리처드, 이 작은 괴물은 대체 뭐냐?"

리처드는 자신의 발명품을 설명하기 시작했다. 와트의 증기 기관에서 응축기를 제거한 것은 물론, 실린더 속에는 보일러에서 발생한 증기로 움직이

는 피스톤이 장착되어 있었다. 증기는 피스톤을 밀고 긴 연통으로 빠져나와 공기 중으로 흩어졌다. 그 결과 리처드의 증기 기관은 훨씬 적은 양의 석탄으로도 높은 압력을 만들어 내었다.

"애야, 와트의 증기 기관에서 핵심 부품을 제거한 덕분에 오히려 돈이 더 적게 든다는 말이냐?"

"네, 이 증기 기관에는 응축기가 없기 때문에 와트에게 특허 사용료를 지불하지 않아도 될 거예요. 그 사람이 특허를 낸 기계와는 구조부터 완전히 다르니까요. 게다가 석탄을 훨씬 적게 쓰고도 똑같은 힘을 얻을 수 있어요."

아버지는 아들이 숨도 못 쉴 정도로 꽉 껴안았다.

"아, 이제 우린 살았어! 네가 드디어 해냈구나!"

감격에 겨워 환호성을 내지르던 아버지는 문득 이상한 점을 발견했다.

"그런데 이 수레는 뭐냐?"

"아!"

리처드가 슬며시 미소를 지었다.

"제 증기 기관은 아주 작고 가벼워서 수레에도 설치할 수 있겠더라고요."

"이동형 증기 기관이라 이거지?"

"음, 그 이상이에요. 이것 좀 보세요!"

리처드가 밸브를 닫자 더 이상 증기가 배출되지 않았다. 조금 뒤, 증기 기관의 플라이휠이 천천히 도는가 싶더니, 피스톤에서 쉬이익 소리가 나면서 구름 같은 증기를 토해 냈다. 플라이휠은 톱니바퀴 장치로 수레바퀴와 연결되어 있었다. 수레바퀴가 서서히 돌아가자 수레가 움직이기 시작했다. 사람이나 가축의 힘 없이 저절로! 마치 유령이 밀고 있기라도 한 듯이…….

아버지는 깜짝 놀란 나머지, 두 손으로 입을 가렸다.

"맙소사! 이놈은 석탄도 제 스스로 옮기겠구나!"

리처드는 고개를 끄덕였다. 입이 귀에 걸릴 정도로 활짝 웃으면서.

"당연히요. 제가 보기에도 참 멋진 괴물이라니까요."

리처드의 발명품은 증기를 내뿜으며 계속 전진하더니, 점점 빠른 속도로 멀어져 갔다. 아무 망설임 없이, 거침없이!

"제기랄!"

리처드는 허겁지겁 자신의 발명품 뒤를 쫓아 달렸다. 울퉁불퉁한 길을 요란스레 달려가던 수레는 진흙탕을 만나고서야 겨우 숨을 골랐다.

리처드는 전 속력을 다해 달려간 뒤, 가까스로 수레를 붙잡았다! 서둘러 안전 밸브를 열고 증기를 방출시켰다. 리처드는 혼이 쏙 빠진 얼굴로 축축한 땅바닥에 그대로 주저앉았다.

"이렇게 울퉁불퉁한 길로 다니기에는 아직 몸체가 너무 무거운 모양이구나. 안타깝다."

아버지가 아들을 허겁지겁 뒤쫓아 와서

말했다.

"맞아요. 다른 걸 고안해 봐야겠어요."

아버지는 아들 곁에 조용히 쪼그려 앉았다.

부자는 한동안 아무 말이 없었다. 그러다 한순간, 아버지의 얼굴이 한층 밝아졌다.

"리처드, 광산의 수레는 하나같이 무거워. 하지만 철로가 있잖니? 네 증기 기관 수레를 철로에서 달리게 해 봐!"

증기 기관차에서 하이퍼루프까지,
내일의 속도를 예고하다

증기 기관차의 선구자 트레비식과 철도의 왕 스티븐슨

제임스 와트와 함께 '볼턴앤와트' 공장을 세운 매슈 볼턴은 이런 말을 했다.

"우리는 세상이 원하는 것을 팔고 있습니다! 바로 힘이지요!"

자신감으로 꽉 찬 그 말은 결코 허풍이 아니었다. 실제로 18세기 말에 증기 기관은 세상을 움직이는 힘이자, 돈이자, 권력이었다.

증기 기관이 온 세상을 들썩이자, 영국의 수많은 기술자들이 증기 기관에 달려들었다. 증기력을 활용할 수 있는 방법을 찾아내 새로운 특허를 따내고 싶었던 것이다. 앞서 이야기 속에 등장한 리처드 트레비식은 이 모든 경쟁자를 따돌리고 1800년에 '고압 증기 기관'을 개발했다. 뿐만 아니라 1804년에는 고압 증기 기관을 장착한 세계 최초의 증기 기관차 '페니다렌'을 세상에 내놓았다. 페니다렌은 70명의 사람과 선철 10t을 싣고 제철소에서 부두까지 14.5km를 이동했다.

그리고 1808년에는 자신의 기관차를 런던으로 가져가 공개 실험인 '증기 서커스'를 열었다. 이번 기관차의 이름은? '나 잡아 봐라!(Catch me who can!)'였다. 구경꾼들은 난생처음 보는 기관차에 환호했고, 누가 (이 이름도 잔망스런) 기관차를 따라잡을지 내기를 벌였다. 하지만 기관차가 선로를 이탈하는 바람에 열기는 빠르게 식어 버렸고, 서커스는 쓸쓸히 막을 내렸다.

하지만 트레비식은 포기를 몰랐다. 기관차를 개선하기 위해 새로운 투자자들을 끊임없이 찾아다녔고, 끝내 파산하고 말았다. 그래도 19세기 말에 디젤 기관차가 등장하기 전까지는 증기 기관차가 세계 경제를 좌우하는 강력한 운송 수단으로 활약했다. 트레비식의 강력한 경쟁자 가운데 하나였던 조지 스티븐슨이 철도의 전성시대를 열어젖힌 것이다.

조지 스티븐슨 역시 탄광촌에서 기관차를 만들겠다는 꿈을 품고 자랐지만, 트레비식과 아주 다른 점이 한 가지 있었다. 바로 철도 부설에 많은 노력을 기울였다는 점이다. 그 덕분에 철도는 영국뿐만 아니라 지구 반대쪽의 북아메리카까지 뻗어 나갔다. 이른바 운송과 교통의 혁명을 불러온 셈이었다.

트레비식의 증기 서커스. 1실링짜리 티켓을 사면 누구나 기관차를 구경하거나 탈 수 있었다.

증기 기관은 어떻게 발달해 왔나? ⭐

증기 기관의 원리를 맨 처음 생각해 낸 사람은 누구일까? 고대 그리스까지 거슬러 올라갈 수도 있지만, 실용적인 목적으로 처음 증기 기관을 구현해 낸 것은 토머스 세이버리였다. 그는 1698년에 해저 수백 미터 아래까지 뻗어 있는 광산의 갱도에서 바닷물을 뽑아내기 위해 '증기 펌프'를 고안했다.

다음 타자로 1712년에 철물상인 토머스 뉴커먼이 증기 펌프의 효율성을 한층 개선한 대기압 기관을 만들었다. 증기가 아닌 기압이 동력의 핵심이라는 생각에서 붙인 이름이었다.

뒤이어 1763년에 글래스고 대학교의 도구 제작자로 일하고 있던 제임스 와트가 물리학 교수 조지프 블랙의 '비열'을 증명하는 실험을 돕다가 훨씬 더 효율적인 증기 기관을 발명할 아이디어를 얻었다.

세이버리의 증기 펌프와 뉴커먼의 대기압 기관, 그리고 와트의 증기 기관. 이 기계들은 구조는 조금씩 달라도 핵심 원리는 같았다. 열 에너지를 운동 에너지(역학적 에너지)로 바꾸는 것이다.

연료를 태워 물을 끓이면 수증기가 발생한다. 기체 분자의 움직임이 활발해지면서 증기의 압력이 높아져 피스톤이 밀려 나간다. 이윽고 피스톤의 왕복 운동으

▌ 증기 기관차가 모든 사람의 환영을 받은 것은 아니다. 한 의사는 사람이 그렇게 빨리 달리는(시속 약 32km) 기차를 탔다가는 뇌가 손상을 입을 수 있다고 주장했다.

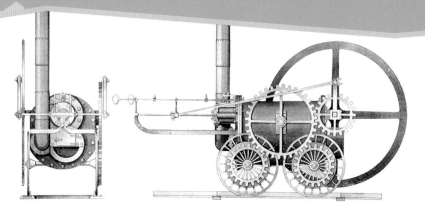

로 물체가 움직이게 된다. 이처럼 하나의 에너지가 다른 형태의 에너지로 바뀌는 것을 '에너지 전환'이라고 한다.

에너지는 한계가 없다?

세상에 증기 기관이 나타나면서 인류는 지구가 거대한 에너지의 저장고라는 사실을 새롭게 인식하게 되었다. 증기 기관의 효율은 점점 높아져, 18세기 초반에는 1마력을 내는 데 20kg의 석탄이 필요했던 것이, 19세기 후반에 이르러서는 450g 정도로도 같은 힘을 낼 수 있었다. 역사학자 유발 하라리는 증기 기관이 불러온 산업 혁명 시대를 이렇게 바라보았다.

> "우리가 사용할 수 있는 에너지에는 한계가 없다는 사실을 산업 혁명은 되풀이해서 보여 주었다. (중략) 우리가 해야 할 일이라고는 오로지 더 나은 펌프를 발명하는 것 뿐이었다."
>
> ─유발 하라리, 《사피엔스》 중에서

에너지 고갈 위기에 대한 목소리가 높아지는 지금, 우리에게 필요한 건 트레비식이 그랬던 것처럼 끊임없는 도전 의식이 아닐까?

열차가 비행기 속도를 따라잡는다고?

이제 열차의 속도는 특정 시대의 기술 수준을 가늠하는 상징적 지표가 되었다. 트레비식 기관차의 최고 속도는 시속 19km였다. 우사인 볼트의 단거리 달리기 세계 신기록이 시속 44km라는데, 기관차가 겨우 시속 19km라니 살짝 김이 빠지는 듯한 느낌이 들기도 한다.

2013년 테슬라의 최고 경영자 일론 머스크는 진공 상태에서 비행기보다 빨리 달리는 캡슐형 초고속 열차 '하이퍼루프'에 대한 꿈을 토로했다. 그는 회사가 보유한 하이퍼루프 기술을 공개하고 누구나 개발에 참여해 수익을 나눌 수 있다고 독려했다. 그 후 세계 각지에서 수많은 인력이 하이퍼루프 개발에 뛰어들었다.

한편, 기차의 나라로 손꼽히는 일본은 1962년부터 자기 부상 열차를 꾸준히 연구한 끝에, 2016년 7월에 시속 603Km의 리니어 열차를 개발해 상용화했다.

리처드 트레비식(Richard Trevithick, 1771~1833)

영국의 광산 기술자. 광산촌에서 증기 기관을 보고 자랐다. 와트의 증기 기관을 집요하게 탐색한 끝에 연료를 줄이는 방식을 찾아내 고압 증기 기관을 개발했다. 1804년에는 고압 증기 기관을 장착한 세계 최초의 기관차를 만들었다. 연구와 실험을 계속하기 위해 후원자를 구했지만 뜻을 이루지 못하고 남아메리카로 떠났다.

공기 저항을 최소화하기 위해 악어 입처럼 납작한 모습을 한 이 열차는 초전도체 위에 띄워 선로와 열차 간 저항을 없앤 결과, 비행기의 속도로 달리고 있다나? 이 정도라면 서울에서 부산까지 40분 만에 주파할 수 있다. 이는 1804년에 리처드 트레비식의 기관차가 기록했던 속도보다 31배가량 빠르다. 미래의 속도가 다시금 말을 거는 듯하다.

"나 잡아 봐라!"

해석 기관은 아무리 복잡하고 규모가 큰 음악이라도

정교하게 과학적으로 작곡할 수 있다.

— 에이다 러브레이스(영국의 수학자)

컴퓨터,
생각하는 기계를 꿈꾸다

1842, 영국 케임브리지

COMPUTER

'해가 지지 않는 나라', 지구 곳곳에 식민지를 두어 세계 패권을 쥐고 있는 제국을 가리키는 말이다. 영국은 빅토리아 여왕이 다스리던 1880~1890년대에 전 세계 4분의 1을 식민지로 지배하며 '해가 지지 않는 나라'로 불렸다.

게다가 산업 혁명의 발상지로서 과학 기술을 패키지(기계와 기술자)로 수출하면서 세계 무역에서 주도적인 위치에 섰다. 그런데 놀랍게도 그 당시에 영국은 물론 세계 어디에도 복잡한 숫자를 처리해 낼 계산기가 없었다. 돈이 많이 돌고 돌수록 더 복잡한 셈법이 필요했는데도…….

수학 교수와 백작 부인

에이다 러브레이스 백작 부인은 케임브리지 대학교 수학 교수인 찰스 배비지의 연구실을 찾았다.

"어서 오십시오, 백작 부인. 차 한잔 드릴까요?"

쉰 언저리를 지나고 있는 배비지 교수가 수줍은 듯 얼굴을 붉혔다.

"감사합니다, 교수님. 우유만 조금 넣어 주세요. 설탕은 빼고요."

스물여덟 살의 러브레이스 백작 부인이 활짝 웃으며 어깨를 똑바로 편 채 두 손을 무릎 위에 다소곳이 올려놓았다.

교수는 찻잔을 내려놓으려다 탁자 위에 너저분하게 펼쳐져 있는 수학 논문과 잡동사니를 발견하고는 허겁지겁 치우기 시작했다. 그러고는 삐죽삐죽 뻗친 머리카락을 손으로 매만지며 변명을 늘어놓았다.

"연구실이 너무 어수선하네요. 그래도 이해해 주세요. 요즘 발명 중인 기계 때문에 다른 건 전혀 눈에 안 들어오거든요."

찰스 배비지, 그는 케임브리지 대학교의 루커스 수학 석좌 교수를 지냈다. 아이작 뉴턴을 비롯해 최고의 수학자들이 거쳐 간 영예로운 자리였다. 그만큼 수학은 그에게 삶의 일부나 다름없었다. 그렇다면 기계는? 삶의 전부였다!

그가 첫 번째로 고안한 차분 기관(계산기로, 오직 덧셈으로만 다차원 방정식의 값을 구해 무궁무진한 숫자표를 만든다. 거대한 주판 기계에 가깝다.)은 제작 중이었고, 해석 기관은 아직 구상 중이었지만 놀라운 기계가 되리라고 자신했다. 물론 이 심오한 기계의 필요성을 뼈저리게 느끼는 사람은 이 세상에 오직 단 한 명, 자기 자신뿐인 듯했지만……

배비지가 모자 장수의 모델?

《이상한 나라의 앨리스》에 나오는 '모자 장수'는 독자들 사이에서 흔히 'mad hatter'로 불리는데 잘못 발음하면 'mad adder'처럼 들린다. 이 때문에 찰스 배비지가 모자 장수의 모델일 거라고 주장하는 사람도 있다. 마침 찰스 배비지는 그 책을 쓴 루이스 캐럴과 같은 시대를 살았으며, 당대 영국 사회에서 괴상한 계산 기계에 미친 천재이자 기인으로 알려져 있었다.

그때였다.

"걱정 마세요. 전 교수님의 천재성에 절로 고개가 숙여져 방이 어수선한 줄도 몰랐답니다."

백작 부인의 말에 배비지 교수는 놀라움과 미소를 감추려는 듯 짐짓 헛기침을 두어 번 해서 목청을 가다듬었다.

"부인께서는 전부터 제 기계에 관심이 많으셨지요? 벌써 10여 년 전인가요? 제 파티에서 차분 기관의 모델을 보여 드렸던 게?"

"맞아요."

"영국에서 똑똑하다는 사람들은 다 모인 자리였는데, 제 차분 기관을 이해하는 사람이 열여덟 살 소녀였던 부인뿐이었으니, 제가 얼마나 놀랐던지요!"

백작 부인은 갑자기 몸을 숙이더니 가방에서 종이를 한 묶음 꺼냈다. 깨알같이 작은 글씨가 가지런히 적혀 있었다.

"이탈리아 수학자의 논문에 교수님의 '해석 기관'이 소개되었더라고요. 그 논문을 우리말로 번역하다가 주석으로 제 개인적인 견해를 덧붙여 보았어요."

두 해 전인가? 해석 기관의 지지자를 찾아 동분서주하던 배비지 교수는 이탈리아 토리노에서 열린 학회에 참석해 강연을 했다. 청중은 자장가라도 듣고 있는 듯 금세 잠의 바다에 휩싸였다. 그나마 학회에서 서기를 맡고 있던 수학자 루이지 메나브레아가 끝까지 강연을 듣고 해석 기관을 소개하는

에이다 러브레이스가 바이런의 딸?

에이다의 아버지는 낭만파 시인 바이런으로, 잘생긴 외모에 광기 어린 언행, 숱한 염문설로 사교계에서 유명세를 누렸다. 딸이 남편의 기질을 물려받을까 봐 전전긍긍하던 에이다의 어머니는 딸에게 예술 쪽은 일절 접근을 금지시켰다. 대신 당대 최고의 수학자와 과학자를 초빙해 수업을 받게 해 논리적인 사고 습관을 심어주려 애썼다. 여자는 수학을 감당할 수 없다고 여겨지던 시대였지만, 어머니의 남다른 교육관 덕분에 시대적 한계를 딛고 수학적 재능을 싹틔우게 된 셈이다.

논문까지 발표를 했다.

그 논문은 프랑스어로 쓰였는데, 마침 수학과 프랑스어에 능통한 러브레이스 백작 부인의 눈에 띄게 되었다. 등잔 밑이 어둡다는 게 바로 이런 걸까? 먼 길을 돌아 다시 영국에서 같은 생각을 품은 동지를 만나다니!

배비지 교수는 백작 부인이 건넨 원고를 얼른 훑어보았다. 세상에, 주석이 논문보다 세 배나 길었다!

"주석이 좀 길지요? 제 생각에 해석 기관은 메나브레아 선생이 이해한 것보다 훨씬 더 폭넓은 일을 해낼 수 있을 것 같더라고요. 생각할수록 흥미진진해서 궁금증을 누르기가 힘들었어요. 혹시 직접 볼 수는 없을까요?"

"뭘 본다는 겁니까?"

백작 부인은 눈을 동그랗게 뜨더니 고개를 오른쪽으로 약간 기울였다.

"해석 기관 말이에요, 교수님. 어디 있나요?"

배비지 교수는 차를 한 모금 마시고 두 손으로 조끼를 매만지며 우물쭈물 댔다.

"아, 음, 그게……, 현재로서는 설계도만 있습니다. 기술자에게 부탁해서 겨우 부품 몇 가지만 만들어 둔 상태입니다……."

백작 부인의 얼굴에 실망감이 가득 차올랐다. 케임브리지까지 달려오는 내내 그녀의 머릿속에는 오직 한 가지 생각, 그 놀라운 발명품을 직접 볼 수 있으리라는 기대와 설렘뿐이었으니까. 백작 부인은 너무 낙심한 나머지, 울음을 참는 듯한 표정으로 어깨를 으쓱했다.

"그럼 부품으로 만족해야겠네요……. 아, 그러니까 교수님이 부품이라도 보여 주신다면 말이지요."

배비지 교수는 자신의 기계에 대해 이토록 뜨거운 관심을 보인 사람은 처음인지라 잠시 넋이 나간 표정을 지었다.

"물론 보여 드려야지요. 저를 따라오시죠."

배비지 교수는 백작 부인을 데리고 긴긴 복도를 지나 계단을 한참 내려간 뒤 또다시 복도를 지났다. 지하로 내려가는 층계참에 이르자, 교수가 촛대에 꽂힌 초에 불을 붙였다.

"여기는 부인 같은 분이 오실 곳은 아닙니다만……."

"아유, 무슨 말씀이세요? 먼지가 좀 많고 거미줄이 여기저기 쳐져 있을 뿐인걸요."

"오늘은 생쥐가 나오지 않기를……."

수학에 미친 사람들

두 사람은 계단 끝의 크고 어두운 방에 도착했다. 먼지가 수북한 데다 퀴퀴한 곰팡이 냄새가 코를 찔렀다. 마침내 촛불 아래 무수히 많은 톱니바퀴를 층층이 쌓은 기둥으로 이루어진 기계가 모습을 드러냈다.

"이겁니다. 기억 장치예요. 계산을 하는 기계입니다."

"아! 그렇군요……. 아주 복잡하게 생겼는데요. 한번 만져 봐도 될까요?"

배비지 교수는 끙끙대며 기계 장치를 들어서 탁자 위에 올려놓았다. 기계 장치 하나가 커다란 여행 가방만 했다.

"이건 매우 작은 부분일 뿐입니다. 해석 기관이 완성되면, 엄청나게 클 테니까요. 50자리 숫자 1000개를 담을 수 있는 저장 장치가 있는 데다 사칙 연산과 비교 연산, 그리고 선택적으로 제곱근 계산이 가능한 산술 논리 장치를 장착할 거거든요."

"다 완성되면 얼마나 클까요?"

백작 부인은 머릿속으로 그 모습을 상상하며 말했다. 교수가 두 팔을 크게 벌렸다.

"아! 거대할 겁니다. 기관차만큼이요. 모르긴 몰라도 이 창고가 꽉 찰 겁니다……."

교수의 목소리가 점점 잦아들었다. 마치 어마어마하게 크고 복잡한 발명품이 실제로 눈앞에 펼쳐져 있기라도 한 듯 황홀해하는 표정이었다.

"부인, 이 장치를 작동하기 위해선 증기 기관이 필

요해요!"

순간, 백작 부인의 머릿속에 안타까운 예감이 스쳐 지나갔다. 어쩌면 배비지 교수의 해석 기관이 작동하는 장면은 영영 볼 수 없을지도 모른다는……..

배비지 교수는 해석 기관보다 먼저 설계한 차분 기관에 온 재산을 쏟아부었다. 심지어 영국 정부로부터 막대한 지원금을 받기도 했다. 하지만 차분 기관이 채 완성되기도 전에 그보다 더 복잡한 해석 기관을 설계하는 데 마음이 빼앗겨 버린 것이다. 그의 상상력은 늘 이상적인 무언가를 향해 달려가고 있는 듯했다.

연구실로 돌아온 뒤에도 배비지 교수는 여전히 흥분에 차 있었다.

"해석 기관은 수많은 산술 작업을 빠르고 정확하게 해낼 것이고……."

백작 부인이 돌연 교수의 말을 가로챘다.

"아니요, 그보다 훨씬 더 많은 일을 할 수 있을 거라고 생각해요. 교수님의 해석 기관은 자카드 방직기가 꽃과 나뭇잎을 짜듯이 '대수학의 무늬'를 짜게 될 거라고요."

백작 부인은 말을 멈추고서 배비지 교수의 눈을 뚫어지게 보았다.

"제 말을 이해하셨어요?"

"네? 사실은…… 이해하지 못했습니다."

"숫자로 많은 일을 할 수 있을 거라는 뜻이에요. 예를 들어, 음악의 화성을 생각해 보세요. 우리가 각각의 음을 숫자나 연산 작용으로 표현할 수 있는 규칙을 찾는다면, 기계는 말 그대로 그것들을 해석해 낼 수 있을 거예요. 아마 작곡을 할 수 있을지도……."

백작 부인은 가상의 발명품이 이미 눈앞에 존재하기라도 하듯, 흥분을 애써 가라앉히며 확신에 가득 찬 어조로 말했다.

"그럴 리가요. 저는 그런 것까지는 바라지 않습니다……!"

배비지 교수는 두 팔을 격렬하게 젓다가 자신을 똑바로 바라보는 눈동자에 사로잡혀 뒷말을 이었다.

"아니, 어쩌면…… 부인의 말씀이 옳을지도 모르겠습니다!"

백작 부인은 자신의 주석 중 하나를 가리켰다.

"제가 여기 해석 기관으로 베르누이 수(거듭제곱의 합이나 삼각 함수의 멱급수 따위의 다양한 공식이 등장하는 유리수 수열)를 계산할 때 필요한 명령어를 적어 봤어요."

교수가 재빨리 주석을 읽어 내려갔다. 그가 점점 힘차게 고개를 끄덕였다.

"하루 빨리 기계가 완성돼 부인의 명령어가 실행되는 걸 보고 싶군요!"

계산 기계에서 인공 지능까지, 기계 지능의 진화

미완성으로 남은 해석 기관

숫자 울렁증 때문에 고민하는 이들을 위한 희소식! 어떤 계산이든 배비지의 해석 기관에 맡기시라. 자, 먼저 카드에 뚫린 구멍 패턴으로 숫자와 계산식을 지정하고 손잡이를 힘껏 당긴다. 증기 기관 엔진에서 수증기가 칙칙 뿜어져 나오면, 키 큰 놋쇠 기둥을 둘러싼 톱니바퀴가 돌아간다. 이윽고 경쾌한 벨소리가 울리며 답이 적힌 카드가 착!

▌배비지의 설계도를 바탕으로 구현해 본 해석 기관의 일부. 런던 과학 박물관에 전시되어 있다. ©The Board of Trustees of the Science Museum

찰스 배비지(Charles Babbage, 1791~1871)

영국의 수학자. 성경을 조사해 "죽은 자가 되살아날 확률은 10^{12}분의 1"이라는 통계를 낼 정도로 괴짜였다. 숫자 표와 계산수들을 대신할 수 있는 궁극의 계산기 '해석 기관'을 설계했다. 해석 기관은 지금 우리가 쓰는 컴퓨터의 핵심 구조를 모두 담고 있다. 그런 업적을 높이 사, 현재 배비지의 뇌를 런던 과학 박물관에서 보관하고 있다.

찰스 배비지가 설계한 해석 기관의 모습을 상상해 본 것이다. 안타깝게도 해석 기관은 미완성으로 남았다. 길이 30m에 넓이 10m가량의 해석 기관을 완성하려면 엄청난 돈이 필요했기 때문이다. 배비지가 앞서 만들던 차분 기관의 제작 기간이 끝도 없이 늘어지자, 정부의 보조금이 뚝 끊겨 버렸다. 그런데도 완벽주의자 배비지는 톱니 하나라도 성에 차지 않으면 다시 쇠를 녹여 처음부터 만들기를 반복했다고 한다.

해석 기관과 컴퓨터, 무엇이 닮았을까?

해석 기관은 설계도 속에만 존재하지만, 요즘 배비지는 '컴퓨터의 아버지'로, 에이다 러브레이스는 '최초의 프로그래머'로 평가받는다. 그 이유가 뭘까? 우선 입력·기억·연산·출력 장치가 각각 독립적인 역할을 하면서도 서로 네트워크를 이루고 있는 해석 기관의 구조가 컴퓨터의 구조와 유사하다. 그리고 해석 기관은 디지털 기기처럼 반복문과 제어문 역할을 하는 '프로그램 언어'를 가지고 있다.

컴퓨터는 원래 계산기였다?

컴퓨터란 원래 계산을 하는 기계 내지는 사람을 뜻하는 말이었다.

인류는 2000년 넘게 주판을 사용하다가, 17세기에 이르러서야 처음으로 계산기를 발명했다. 블레즈 파스칼이나 고트프리트 라이프니츠 같은 수학자들이 만든 덧셈 전용 기계, 곱셈과 나눗셈 기능이 추가된 기계가 바로 그것이다.

그러나 150여 년이 흐른 뒤에도 이 같은 계산기는 실생활에서 널리 사용되지 못했다. 실제로 20세기 초까지만 해도 계산을 직업으로 하는 사람들이 있었는데, 바로 이들을 컴퓨터라고 불렀다. 아직 사람, 즉 피와 살을 지닌 컴퓨터들이 종이와 연필과 씨름을 하며 손수 계산을 하던 시절……, 배비지가 마침내 궁극의 계산기를 설계하게 된 것이다.

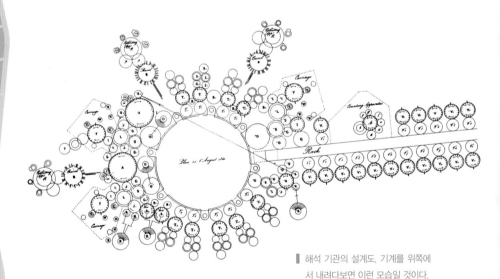

❚ 해석 기관의 설계도. 기계를 위쪽에서 내려다보면 이런 모습일 것이다.

러브레이스, 생각하는 기계를 상상하다

에이다 러브레이스는 이 기계가 단순 계산을 넘어 숫자로 기호화할 수 있는 다양한 일을 수행할 수 있을 거라고 예측했다. 사람이 숫자로 명령을 내리는 방법만 알면, 그림을 그리거나 작곡을 할 수도 있으리라는 생각이었다. 또한 언젠가 기계가 인간처럼 사고하는 지능을 갖출 수 있을지도 모른다며 인공 지능의 가능성을 언급했다. 그리고 그 한계에 대해서도……

"해석 기관은 (아무리 발전을 거듭한다 할지라도) 무엇을 새롭게 고안해 내지는 못한다. 이 기계는 인간이 이미 알고 있는, 주어진 명령만을 수행할 뿐이다."

재미있는 것은 러브레이스의 생각이 후세에 전해져 인공 지능의 폭넓은 가능성을 연구하는 밑거름이 되었다는 점이다. 그런 이유로, 확률을 계산해 작곡을 하거나 기존 창작물에서 습득한 작품을 모방해 그림을 그리는 등 인공 지능의 창의성을 측정하는 시험 또한 그녀의 이름을 따서 '러브레이스 테스트'라고 부른다.

이 테스트는 인공 지능이 만들어 낸 작품의 미학적 가치를 따지지는 않는다.

에이다 러브레이스(Ada Lovelace, 1815~1852)
'두뇌가 생각과 감정을 일으키는 원리를 나타내는 수학 공식'을 만들고 싶어 했을 정도로 수학적 상상력과 감수성이 독보적이었다. 찰스 배비지의 해석 기관에 대해 좋은 이해자였고 협력자였다. 해석 기관에 적용할 목적으로 작성한 알고리즘이 최초의 컴퓨터 프로그램으로 인정받아 '세계 최초의 컴퓨터 프로그래머'로 불린다.

인공 지능에 대한 상상력은 고대 그리스까지 거슬러 올라간다. 그리스 신화에는 대장장이의 신 헤파이스토스가 청동으로 만든 인공 지능 로봇 탈로스가 등장한다.ⓒSybil Tawse

다만 평범한 사람이라면 누구나 만들 수 있을 법한 작품을 인공 지능이 완성해 낼 수 있는가를 알아보는 게 목적이다.

"우리는 상상력에 대해 '자주' 이야기합니다. 시인의 상상력에 대해, 또 예술가의 상상력에 대해 말하지요. 하지만 나는 우리가 대체로 상상력이 '무엇'인지 정확히 이해하지 못한다고 생각합니다. (중략) 상상력은 '발견하는' 능력입니다. 우리 주변의 보이지 않는 세계, 과학의 세계를 꿰뚫어 보지요. 우리가 보지 못하는, 우리의 '감각' 밖에 '존재하는' '진실'을 느끼고 발견합니다. 알려지지 않은 세계의 경계를 걷는 법을 깨우친 사람들은 (중략) 티 없이 하얀 상상력의 날개를 달고 우리를 에워싼 미지의 세계로 더 멀리 날아오르기를 바랄 수 있어요."

— 에이다 러브레이스

컬로서스, 에니악⋯⋯, 그리고 스마트폰 ☆

배비지와 러브레이스의 업적은 사후 100여 년간 그들의 설계도 속에 잠들어 있었다. 그러나 1940년대 제2차 세계 대전의 한복판에서 놀라운 일이 벌어졌다. 암호 해독자로 활약한 영국 수학자 앨런 튜링이 '컬로서스'라는 전자 기계를, 탄도 미사일 등의 궤도를 예측하는 방공 시스템을 만드는 프로젝트에 참여한 미국의 물리학자 존 에커트와 존 모클리가 '에니악'을 만든 것이다. 이 기계들이 바로 현대식 컴퓨터의 전신으로 불린다.

150m^{2}의 면적을 차지하는, 동네 편의점 크기만 한 최초의 전자 컴퓨터 에니악 이후 컴퓨터는 놀라운 속도로 발전했다. 이제는 아예 손 안에 스마트폰이라는 작은 컴퓨터를 쥐고 다니는 시대다.

배비지는 회고록에 다음과 같은 말을 남겼다.

"해석 기관이 완성되면, 이 기계는 필연적으로 과학의 미래를 이끌어 갈 것이다."

그렇다면 그의 꿈은 실현된 것이 분명해 보인다.

여러분의 자동차는 누에고치예요.

난 나비를 원한다고요.

— 에밀 옐리네크(독일의 자동차 딜러)

자동차,

스스로 달리는 힘을 보여줘

1886, 독일

슈투트가르트

AUTOMOBILE

1769년에 프랑스 공병 니콜라 조제프 퀴뇨는 기막힌 아이디어가 떠올랐다. '군용 수레에 증기 기관을 달면 대포를 나르기가 훨씬 쉽겠는데?' 단 6개월 만에 완성된 증기 수레는 하얀 수증기를 뿜어 대며 파리 한복판을 달렸다. 10분에 한 번씩 물만 공급해 주면 지구 끝까지라도 굴러갈 태세! 그러나 커브를 도는 순간, 육중한 수레는 그만 균형을 잃고 건물을 들이받고 말았다. 퀴뇨는 그길로 잡혀가 도시의 질서를 흐트러뜨린 죄로 조사를 받았다. 동물이나 사람의 힘을 들이지 않고도 저절로 굴러가는 수레, 그것은 과연 망상에 불과한 걸까?

수레에 맞는 엔진을 찾아라!

마차를 스스로 굴러가게 할 수 있을까? 수천 년 동안 마차를 끈 건 말이었다. 독일의 기술자 고틀리프 다임러와 빌헬름 마이바흐는 몇 해째 말을 대체할 엔진을 찾고 있었다.

우선 증기 기관은 무리라고 보았다. 증기 기관은 석탄을 태울 화덕이 필요하고, 물을 끓여 수증기를 일으킬 보일러에다 증기 에너지를 동력 에너지로 바꾸어 줄 실린더도 필요했다. 거기다 물을 보관할 수조까지……. 덩치가 큰 기차나 선박은 이런 것들을 모두 싣고 움직여도 별 탈이 없겠지만, 조그만 마차로서는 엄두도 못 낼 일이었다. 그렇지 않아도 100여 년 전에 이미 프랑스 공병 퀴뇨가 수레에다 증기 엔진을 연결했다가 크게 웃음거리가 된 적이 있었다.

내연 기관

실린더 안에서 연료를 연소시켜 동력을 발생시키는 엔진. 이와 달리, 증기 기관은 실린더 바깥에서 동력을 발생시키는 외연 기관 중 하나이다.

그렇다면 어디 좋은 수가 없을까?

1876년에 니콜라우스 오토가 특허를 낸 가스 엔진이 있긴 했다. 가스 엔진은 내연 기관으로 증기 기관과 달리, 보일러·화덕·수조 따위가 필요하지 않았다. 가스 연료가 폭발한 뒤 그 압력으로 피스톤이 움직이는 일이 모두 실린더 안에서 일어났으니까.

다임러는 1822년에 동료인 마이바흐와 함께 오토의 회사를 떠나 자신들의 기관 제작소를 차렸다. 그런데 마차에 가스 엔진을 장착하려니 개선할 점들이 수두룩했다. 한때 오토의 회사에서 기술 감독관으로 일했던 다임러는 가스 엔진의 문제점을 속속들이 꿰고 있었다.

가스 엔진은 석탄을 태워서 가스를 마련했다. 그런데 가스인 기체를 액체 상태로 저장하는 기술이 없었기 때문에 한 번에 실을 수 있는 가스의 양이 제한되어 있었다. 그만큼 주행 거리도 한정되어 이동 거리가 매우 짧았다.

다임러는 석탄 가스의 문제점을 해결하기 위해 가솔린(휘발유)의 증기를 연료로 쓰는 방식을 생각해 냈다. 그리고 연료가 폭발할 때 생기는 불꽃 대신 점화 장치를 고안했다.

한편, 마이바흐는 실린더에 들어오는 공기와 연료의 비율을 조절하는 기구를 만들었다. 머지않아 완벽한 내연 기관이 생겨나리라는 기대에 차 있었다. 그러나 투자자 에밀 옐리네크는 인내심이 한계에 도달했다.

"시운전은 언제쯤 들어갈 예정인가요?"

옐리네크가 작업장 한쪽 구석을 손짓하며 물었다. 그의 손끝이 향한 곳에 마차 한 대가 서 있었다. 말은 매여 있지 않았고, 마부 자리에는 배의 조종 장치처럼 생긴 키가 달려 있었다. 이 조종 장치는 앞바퀴 두 개와 연결되어 방향을 조절할 수 있게 설계되었다. 그리고 엔진을 장착할 공간은 비워두었다.

옐리네크의 다그침에 다임러와 마이바흐는 조용히 고개를 끄덕일 뿐이었다. 그들의 시선은 기름때에 전 얼룩덜룩한 작업대 위에 붙박인 듯 고정되어 있었다.

램프의 창백한 불빛 아래, 그들이 만든 엔진이 해체된 채 펼쳐져 있었다. 심지어 볼트 몇 개는 액체가 담긴 양철 양동이 속을 뒹굴고 있었다. 톡 쏘는

미국에서 자동차를 '오토'라고 부르는 이유

자동차를 뜻하는 '오토'는 영어 automobile의 줄임말이다. 접두어 auto는 '자신', '스스로', '저절로'의 뜻을 지니고 있다. mobile은 고정되어 있지 않은 이동형 물건을 말하므로, automobile은 스스로 움직이는 물건, 즉 자동차라는 뜻이 된다.

냄새를 풍기는 그 액체는 바로 가솔린이었다. 이 무렵에는 가솔린을 약국에서 팔았는데, 주로 세탁물의 얼룩을 지우는 데 사용했다.

"엔진은 이제 다 됐다고 하지 않았습니까?"

옐리네크가 재차 물었다.

"아직 동력이 약합니다."

다임러가 충혈된 눈동자를 들었다.

"가스 엔진이 적절한 선택인지 확신이 서지 않네요."

피로에 절어 눈밑이 푹 꺼진 마이바흐가 거들었다.

"하지만 결론을 내려야지요. 무슨 좋은 대안이 있는 게 아니라면요."

옐리네크가 차갑게 응수했다.

"아 그게…… 연료를 가솔린으로 바꾸어 볼까 해서요."

다임러의 말에 옐리네크의 눈길이 양철 양동이로 옮겨 갔다.

"얼룩 제거제를 연료로 쓰겠단 말입니까?"

"가솔린은 인화성이 아주 높아요. 그래서 메탄가스보다 발열량이 훨씬 큽니다. 즉 엔진의 동력도 커진다는 뜻이에요."

마이바흐가 설명했다.

세계 최초의 오토바이, 라이트 바겐

1885년에 다임러는 이미 가솔린으로 가는 이동 수단을 발명했다. 바로 역사상 최초의 오토바이 라이트 바겐이었다. 라이트 바겐은 '타는 차'라는 뜻이다. 모양새는 나무 자전거에 가까웠지만, 이동 속도만큼은 가히 혁신적이었다. 오토의 가스 엔진이 1분당 회전수가 150~180회였던 반면에, 다임러의 가솔린 엔진은 900회를 회전했던 것이다. 다시 말해, 주행 속도가 5배 이상 빨라졌다.

달려라, 말 없는 마차야!

몇 주 뒤, 마이바흐와 옐리네크가 다소 초조한 기색으로 작업실 문 앞을 서성이고 있었다. 그들은 시운전을 나간 다임러를 기다리고 있는 참이었다. 과연 다임러는 그들의 '말 없는 마차'를 몰고 무사히 되돌아올까?

부르릉!

이윽고 저 멀리서 가솔린 엔진의 요란한 소리가 들려왔다. 몇 초 지나지 않아 자동차가 굽잇길을 돌아 나타났다. 만면에 웃음을 띤 다임러를 보고, 나머지 두 사람도 안심한 듯 크게 손을 흔들었다.

그때였다. 끼이익!

이번에는 생전 처음 들어 보는 날카로운 굉음이 진동했다.

"거참, 소음 문제를 해결해야겠군요."

마차에서 내려선 다임러가 심각한 표정으로 말했다.

하지만 마이바흐와 옐리네크가 확인하고 싶은 문제는 전혀 다른 것이었다.

"그래요, 시운전을 해 보니 어떻던가요?"

다임러가 승리의 표시로 두 팔을 번쩍

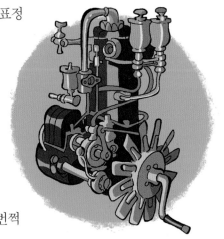

처들었다.

"아주 좋아요. 동력은 이 정도면 충분해요. 운전도 쉽고. 소음을 빼면 완벽해요!"

두 사람이 함박웃음을 지으며 기쁨의 인사를 나누자 옐리네크가 끼어들었다.

"매우 중요한 문제가 하나 남아 있습니다."

"소음이요?"

다임러가 물었다.

"소음 문제 말고요. 기사님들, 부탁드릴 게 있습니다."

옐리네크는 양쪽 조끼 주머니에 엄지손가락을 넣고 등을 뒤로 젖혔다.

자동차광, 에밀 옐리네크

옐리네크는 다임러사의 딜러로 큰 활약을 하게 된다. 외교관이자 담배 무역과 보험 사업으로 부를 축적한 대부호인 옐리네크는 신문물인 자동차에 푹 빠져 있었다. 또, 카레이서이기도 했던 그는 다임러사에 자동차 특별 제작을 의뢰하면서 "여러분의 차는 누에고치예요. 난 나비를 원한다고요."라는 도발적인 편지를 보내기도 했다. 그렇게 만들어진 다임러의 차로 카레이싱에서 우승해 다임러사의 홍보 대사 역할까지 톡톡히 해냈다.

자동차에 딱 걸맞은 이름

"자, 말 대신 모터가 장착된 이 마차에 '말 없는 마차'라는 이름을 지어 주기로 한 거 기억하시겠지요? 그렇지만 상업적으로 성공을 거두려면 더 '잘 팔릴' 이름이 필요합니다. 내가 무슨 말을 하려는지 이해하셨는지……."

옐리네크의 말에 두 기술자는 고개를 절레절레 저었다. 그들은 발명품 개발에 골몰하느라 발명을 하고 난 뒤의 일에 대해서는 심각하게 생각해 본 적이 없었다.

극적 재미를 위해 이야기 속에 에밀 옐리네크를 등장시켰지만, 그가 다임러와 손을 잡은 건 1890년대 말의 일이다. 아래에서 치열했던 가솔린 자동차의 초기 개발 역사를 간추려 본다.

1876년	오토, 실용적인 4행정 가스 엔진으로 특허 취득.
1882년	다임러와 마이바흐, 오토의 공장에서 독립해 나와서 가솔린 엔진 제작.
1883년	벤츠, 벤츠사 설립 후 가솔린 엔진 제작.
1885년	다임러와 마이바흐, 2륜 가솔린 자동차 완성. 벤츠, 3륜 가솔린 자동차 개발.
1886년	벤츠, 3륜 가솔린 자동차 특허 취득. 몇 달 뒤 다임러, 4륜 가솔린 자동차 완성.
1890년	다임러, 다임러사 설립.
1896년	옐리네크, 당시 소유하고 있던 벤츠 자동차의 속도에 아쉬움을 느껴 다임러사의 자동차를 구입. 이후 다임러사의 딜러로 자동차를 프랑스 시장에 꾸준히 소개.
1900년	다임러사에서 옐리네크의 딸, 메르세데스의 이름을 내건 모델 출시.
1901년	옐리네크, 메르세데스 자동차로 니스 자동차 경주에서 우승.
1909년	마이바흐, 마이바흐사 설립.
1926년	다임러-벤츠로 합병, '메르세데스-벤츠' 브랜드 시대 개막.

하지만 옐리네크는 탁월한 사업 감각을 지닌 수완가였다. 그가 보기에 발명은 뭔가를 개발하는 것만큼, 그 결과물로 상업적 성공을 이루는 것이 대단히 중요했다. 사람들의 마음을 사로잡지 못하는 물건은 쉽게 잊히고 말 테니까 말이다.

"그러니까 하시려는 말씀이?"

마이바흐가 물었다.

"아, 이 발명품에 상업적인 이름을 붙이면 좋을 거라는 얘기입니다. 예컨대, 흠흠."

옐리네크는 괜히 헛기침을 하며 뜸을 들인 뒤 말을 이었다.

"제 딸아이의 이름처럼 풍부한 감성을 불러일으키는 뭔가를……."

"따님 이름이 어떻게 되지요?"

마이바흐가 물었다.

옐리네크가 눈빛을 반짝이며 대답했다.

"메르세데스입니다. 스페인어로 '자비'라는 뜻이지요. 정말이지 우아하지 않습니까?"

가솔린 자동차에서 자율 주행 차까지,
도로 위의 역사를 개척하다

최초로 자동차를 발명한 사람은?

일반적으로 최초의 가솔린 자동차는 칼 벤츠가 만들었다고 전해진다. 하지만 1886년에 벤츠가 특허를 받은 가솔린 자동차는 세 바퀴 자동차였다. 겉보기에 오늘날의 자동차와 생김새가 많이 달랐고, 무엇보다 엔진의 힘이 약했다.

몇 달 뒤, 다임러와 마이바흐는 네 바퀴 마차 위에 가솔린 엔진을 장착하는 데 성공한다. 이른바 '말 없는 마차'. 벤츠의 차보다 빠르고 완성도가 높았다. (벤츠의 3륜차는 시속 13km, 다임러와 마이바흐의 4륜차는 시속 19km를 기록했다.)

▌ 왼쪽은 벤츠의 '모터 수레', 오른쪽은 다임러와 마이바흐의 '말 없는 마차'. ⓒDaimler AG

고트리프 다임러(Gottlieb Daimler, 1834~1900)
독일의 기술자. 내연 기관의 창시자로 널리 알려진 오토의 석탄 가스 엔진 회사에서 기술 감독으로 일했다. 석탄 가스로 작동하는 엔진의 한계를 인식한 뒤, 1882년에 동료인 빌헬름 마이바흐와 함께 기관 제작소를 열었다. 1886년에 최초의 4륜 가솔린 자동차를 세상에 내놓았고, 1890년에 "최고가 아니면 만들지 않는다."는 창업 정신을 내걸고 다임러사를 설립했다.

자동차 기술의 핵심을 가솔린 엔진에서 찾는다 해도, 다임러와 마이바흐가 벤츠보다 뒤처진 게 아니었다. 애당초 다임러와 마이바흐는 1885년에 가솔린 엔진을 장착한 2륜차(최초의 오토바이로 불린다.)로 특허를 취득한 이력도 있으니까. 심지어 이들의 엔진은 비행기에 동력을 공급할 수 있을 만큼 충분한 동력 대 무게 비율을 지니고 있었다고 평가받는다.

벤츠사와 다임러사! 두 자동차 회사는 독일 자동차 산업의 양대 산맥으로 성장한다. 그리고 1926년에 두 회사가 합병을 하며 '메르세데스-벤츠'가 탄생한다. 이 브랜드는 오늘날까지 세계적인 명품 자동차로 꼽히고 있다.

가솔린 자동차는 어떻게 움직일까?

지금 차도를 오가는 가운데 상당수가 가솔린 엔진을 장착하고 있다. 그렇다면 가솔린 엔진은 자동차를 어떤 방식으로 움직이게 할까?

① 자동차의 시동을 걸면 휘발유가 엔진으로 흘러 들어간다.

② 엔진에서는 흡입-압축-폭발(연소, 팽창)-배기의 4행정 사이클에 따라 휘

발유를 태워 불꽃을 일으킨다.

③ 위에서 얻는 폭발 에너지가 엔진의 축을 빠르게 회전시킨다. 축은 차바퀴에 연결되어 동력을 제공한다.

검푸른 원유가 노랗고 투명한 휘발유가 되기까지

땅속에 액체 상태로 존재하는 탄화수소 물질을 석유(원유)라고 한다. 석유는 동식물의 사체가 땅속에 퇴적된 뒤 오랜 시간 땅의 압력과 열기에 의해 변해 만들어진다고 알려져 있다.

원유를 끓이면 LPG·휘발유·등유·경유·윤활유·중유까지 용도가 다른 다양한 기름으로 분리된다. 각각의 끓는점이 다르기 때문이다. 이처럼 액체 상태의 혼합물을 가열해서 끓는점에 따라 분리하는 방법을 증류라고 한다.

원유를 정제한 직후의 기름은 무색투명하다. 하지만 자동차의 연료로 쓰이는 휘발유는 짙은 노란빛을 띤다. 이는 용도가 헷갈리지 않도록 기름의 종류마다 서로 다른 색깔의 염료를 추가하기 때문이다.

빌헬름 마이바흐(Wilhelm Maybach, 1846~1929)
독일의 기술자. 학창 시절, 학교 시계를 수리하는 솜씨를 눈여겨본 선생님의 후원으로 기술 공부를 계속했다. 1865년에 기계 제작소에서 다임러의 조수로 일하면서 인연을 맺은 뒤, 평생지기이자 동료로 돈독하게 지냈다. 엔진 기술 및 메르세데스 모델 개발을 담당하며 다임러사 성장의 주역으로 활약했다. 1909년에 자신의 이름을 내건 자동차 회사 마이바흐사를 설립했다.

자동차의 역사에서 보석처럼 빛나는 여성들, 베르타와 메르세데스

첫 번째는 벤츠사의 대표인 칼 벤츠의 아내 베르타 벤츠이다. 아주 오래전에는 자동차가 인기 있는 교통수단이 아니었다. 상류 계층만이 살 수 있을 만큼 고가이기도 했거니와, 대부분의 사람들은 필요성을 딱히 느끼지 못했기 때문이다. 그런 이유로 벤츠사는 경영난에 빠져들었다. 베르타 벤츠는 사업 부진으로 끙끙 앓던 남편 몰래 장거리 운전을 계획했다. 1888년에 어린 두 아들을 태우고 장장 106km 떨어진 친정집으로 달려간 것이다. 말이 끌지 않는 마차를 타고 유유히 달려가는 여성의 모습을 목격한 사람들은 무척이나 놀랐다.

아니나 다를까, 베르타의 도전은 세상의 이목을 단숨에 끌어 모았고, 자동차가 얼마나 편리하고 멋진 교통수단인지를 단박에 보여 주었다. 베르타가 지나갔

벤츠사가 제작한 재현 영상 〈베르타 벤츠, 모든 것을 바꾼 여정〉 속에는 "마녀가 나타났다!"며 두려워하는 사람들의 모습이 극적으로 그려져 있다.ⓒDaimler AG

던 여행 경로는 '베르타 벤츠 기념로'로 불리며, 지금도 자동차 애호가들이 꼭 한 번쯤 달려 보고 싶어 하는 길로 꼽히고 있다.

두 번째는 다임러사의 딜러 에밀 옐리네크의 딸 메르세데스 옐리네크이다. 에 밀 옐리네크는 자신이 손을 대는 사업마다 번창하는 게 딸 메르세데스 덕분이라 고 생각했다. 오죽했으면 아들들이 "아버지는 고대 로마인처럼 미신을 믿었습니 다."라고 투덜댔을까?

어느 날 에밀 옐리네크는 다임러사에 딸의 이름을 내건 자동차를 만들어 달 라고 요청했다. 당시 에밀 옐리네크는 한 번에 40억 원어치의 차를 매입해 해외 상류층 인사들에게 판매해 주는 '큰손' 고객이었다. 누가 그 청을 거절할 수 있을 까? 결국 다임러사는 '메르세데스'를 출시했고, 옐리네크는 그 차로 1901년에 프 랑스 니스 레이스에서 승리를 거머쥐었다.

실리콘 밸리가 자동차 혁명에 가세한다고? ☆

미래에 자동차는 어떤 모습일까? 석유 고갈 위기 속에서 전기가 미래 자동차 의 동력으로 주목받고 있다. 전기 자동차는 단순히 동력만 전기로 대체하는 게 아니라, IT 기기 못지않은 스마트 기능을 탑재할 것으로 보인다.

자율 주행이 대표적인 기능이다. 경로 계획 시스템이 운전자의 위치와 실시간 교통 정보를 파악해 가장 경제적인 길을 선택하고, 빅데이터로 주행 중 벌어질 일을 분석해서 가장 안전하고 빠르게 목적지에 도달하는 것이다.

2018년에 선보인 한국의 현대자동차 광고 속에는 자율 주행 자동차가 삶 속으 로 쑥 들어온 미래 세상의 모습이 펼쳐진다. 운전자는 자리에 앉자마자 잠에 푹

메르세데스–벤츠의 자율 주행 자동차. 운전은 오롯이 자동차의 몫이며, 탑승자들은 주행 중에 자유롭게 대화를 나눌 수 있다. ⓒDaimler AG

빠진다. 그러자 자동차가 스케줄을 확인한 뒤 매끄럽게 주행해, 운전자가 가족의 생일 파티에 늦지 않게 해 준다.

IT 기술이 관건인 만큼, 주요 IT 기업들이 자동차 산업에 앞다투어 뛰어들고 있는 실정이다. 테슬라사는 애플사의 기술자를, 애플사는 다임러–벤츠사의 개발자를 스카우트하는 상황이 벌어지고 있다. 지금 자율 주행 기술 경쟁에서 가장 앞서 있는 회사 역시 IT 기업인 구글이다.

자율 주행 기술이 지향하는 최종 목표는 사람 없이 달리는 '무인 자동차'이다. 하지만 무인 자동차를 상용화하는 문제에 대해서는 아직 많은 논란이 있다. 만약 자동차 시스템이 신종 랜섬웨어의 습격을 받는다면? 또 교통 신호와 경찰의 수신호가 서로 다른 돌발 상황이 발생한다면? 그때에도 무인 자동차 컴퓨터 시스템은 적절한 주행과 판단을 할 수 있을까? 이 같은 다양한 난제를 해결할 수 있을 때 진정한 무인 자동차 시대가 도래할 것이다.

구리선 없이도 문자를 실어나르는 전신 체계가
우리의 권태를 뒤흔든다.
우리는 지금 언어에 날개를 달아
공중으로 쏘아 올리는 일을 배우는 중이다.

ㅡ〈뉴욕 타임스〉, 1897년 11월 5일자 기사 중에서

무선 통신,

장벽 없는 소통이 필요해

1894, 이탈리아 볼로냐

WIRELESS
COMMUNICATION

전기의 발달과 함께 전신과 전화 같은 발명품이 속속 등장하던 19세기. 유선 통신은 삶의 속도를 바꾸었다. 예컨대 흉악범을 추격하던 경찰은 범인이 타고 달아난 기차의 꽁무니를 더 이상 멍하니 바라보지 않았다. 재빨리 기차의 다음 정차 역으로 전보를 쳐서 검거를 하면 되니까. 1851년에는 도버 해협에, 1866년에는 대서양에 해저 전신 케이블이 설치되었다. 언젠가부터 거리거리마다 전봇대가 줄지어 늘어서고, 하늘에는 수백 가닥의 전깃줄이 뒤엉켜 있었는데……. 급기야 그 무게를 못 버틴 전선이 끊어져서 떨어지는 바람에 사람이 감전되어 죽기도 했다. 그런데 전선 없이도 메시지를 주고받을 수 있는 기계가 등장했으니…….

전기 혁명을 꿈꾸다

굴리엘모 마르코니는 지난밤을 뜬눈으로 지새웠다. 오늘은 아버지에게 새 발명품을 보여 주기로 한 날이었다.

이제 갓 스무 살이 된 굴리엘모는 기계를 만드는 솜씨가 좋았다. 그중에서도 강수량을 측정하는 우량계는 정말 제 기능을 톡톡히 했다. 그런데 새로 제작한 기계를 가족에게 공개할 때마다 아버지 앞에 서기가 무척 부담스러웠다. 어머니한테는 한밤중에 달려가 보여 주기도 하건만……

창턱에 햇살이 비치자마자 정장 차림을 하고서 방문을 나섰다. 부엌에 가 보니 집사가 차를 끓이고 있었다.

"오늘이 바로 대망의 그날이지요?"

"네, 어서 준비해야겠어요!"

굴리엘모는 찻잔 가득 차를 따르더니 서둘러 부엌을 빠져나갔다.

"아침 식사는요, 도련님?"

집사가 텅 빈 부엌을 돌아보며 고개를 설레설레 흔들었다.

지금 이 순간, 굴리엘모에게 중요한 것은 기계뿐이었다. 이 기계는 전신기의 일종으로 마술 같은 묘기를 부렸다. 물론, 눈속임도 장난도 아니었다. 과학이었다. 이제껏 나온 그 어떤 전신기와도 달랐다. 간단히 말해 전선이 필요 없는 신개념 전신기였다.

굴리엘모는 '송신기'의 모든 구성 요소가 제대로 작동하는지 확인했다. 그런 다음 건너편 방으로 건너가 '수신기'를 살펴보았다. 수신기에는 벨이 달려 있었다.

점검을 마친 뒤, 다시 송신기가 있는 방으로 돌아왔다. 헛기침 소리에 고

날고 뛰는 전령들

고대 그리스에서는 올림픽 경기 결과를 전하기 위해 챔피언이 비둘기의 발목에 붉은 리본을 달아 고향으로 날려 보냈다. 고대 로마에서는 배달부가 글씨가 적힌 밀랍판을 들고 뛰었다. 수신자는 밀랍판의 글씨를 지우고 거기에 답장을 적어 돌려보냈다. 사람이나 동물이 움직이지 않고 원거리에서 직접 신호를 주고받는 방식으로는 봉화와 신호탑 등이 있었다.

전신, 19세기의 통신 혁명

지금 수많은 뉴스나 광고가 귀가 따갑게 5G(5세대 이동 통신)나 IoT(사물 인터넷)를 말하듯, 19세기 사람들은 새롭게 등장한 장거리 통신 수단인 전신과 전화에 열광했다. 전화보다 먼저 등장한 전신은 음성 메시지가 아닌 글자나 숫자 메시지를 전달했다. 철도 회사는 기차 운행 상황을 살피기 위해, 신문사는 전쟁 기사를 신속히 보도하기 위해, 군대와 금융사는 정보전에서 지지 않기 위해 적극적으로 전신을 사용했다.

개를 돌려 보니, 아버지가 방문 앞에 서 있었다.

"들어가도 되겠니?"

굴리엘모는 아버지의 표정을 보고는 살짝 긴장이 풀렸다. 아버지의 얼굴에 호기심과 즐거움, 기대가 뒤섞여 있었다. 어쩌면 뿌듯함도……

굴리엘모가 가볍게 목례를 했다.

"어서 오세요."

뒤이어 어머니가 문간에 나타났다.

"나도 들어가도 되겠니?"

"그럼요, 들어오세요! 자, 이쪽에 앉으세요."

굴리엘모가 탁자 옆의 의자를 가리키며 말했다.

마술이 아니라 전선 없는 전신기

"지금부터 아주 특별한 전신기를 소개하겠습니다. 무엇이 특별한지는 직접 경험해 보시지요!"

굴리엘모는 탁자 한가운데 놓여 있는 송신기 키를 가리켰다.

"아버지, 그걸 눌러 주세요."

그러자 아버지가 어머니를 보고 웃으면서 말했다.

"레이디 퍼스트!"

"난 벌써 해 봤어요. 이제 당신 차례예요."

어머니가 말했다.

'오늘도 두 분은 사랑이 넘치시는군!'

굴리엘모는 시간이 자꾸 지체되자, 짐짓 제동을 걸었다.

"자, 아버지, 키를 눌러 주세요."

아버지가 송신기 키를 골똘히 들여다보았다.

"난 이 키가 그닥 믿음이 가지 않는구나. 설마

누르는 순간 감전되는 건 아니겠지? 하하하!"

또 썰렁한 농담을!

"제가 여러 차례 확인했어요. 절대 감전될 일 없어요. 어서 눌러 주세요."

그러나 아무 소용이 없었다. 나이가 지긋한 노신사는 천장을 올려다보며 감미로운 목소리로 중얼거렸다.

"벌써 30년 전 일이라니……. 여보, 애니! 아일랜드 출신의 성악가인 당신에게 내 심장을 빼앗겨 버린 게 말이야. 꿈같은 결혼식을 올린 지 10년 만에 우리 늦둥이 굴리엘모가 태어났지. 그 조그맣던 아이가 자라서 이렇게 훤칠한 청년이 되었다니!"

굴리엘모는 미소를 잃지 않으려고 애썼다. 대체 키 하나 누르는 데 얼마나 많은 시간이 필요한 걸까?

"아버지, 제발요. 그 키를 눌러 주세요."

아들의 목소리에 초조함이 묻어나기 시작했다.

"알았다, 알았어. 누른다, 응? 여기이 한가운데?"

아버지는 유머 감각이라고는 하나 없이 진지해 빠진 아들이 아쉽다는

표정으로 아주 조심스럽게 검지를 송신기 키 위로 가져갔다.

"네, 누르시기만 하면 돼요."

굴리엘모는 짜증이 슬슬 치밀었다.

"자, 그럼…… 간다!"

마침내 아버지가 손가락에 힘을 주어 키를 눌렀다. 순간 건너편 방에서 귀청을 찢을 듯이 큰 벨 소리가 울렸다. 아버지는 의자에서 펄쩍 튀어 오르며 소리쳤다.

"누가 옆방에 있나?"

어머니가 아들과 눈을 마주치며 쿡 웃음을 터뜨렸다.

"아니요, 아버지가 송신기를 작동시키신 거예요. 그 키로 전자기파를 저쪽 방에 있는 수신기로 보낸 거지요. 그래서 벨이 울리게 됐고."

아버지가 몇 초간 아무 말 없이 아들의 눈을 들여다보았다.

"저쪽 방과 연결된 전선이 없잖니? 불가능한 일이야. 속임수지! 또는 이 키와 연결된 전선을 어딘가에 숨겨 두었든지. 바다 밑으로도 전선이 지나가는 세상인데 그쯤이야 간단하지, 안 그래?"

아버지가 횡설수설하자, 어머니의 얼굴이 살짝 찌푸려졌다.

"여보, 어떻게 그런 생각을……."

"설마 제가 장난삼아 아버지를 이 자리에 모셨을까요? 송신기와 수신기는 서로 전선으로 연결되어 있지 않아요. 아버지가 직접 확인해 보세요."

아버지가 일어나서 건너편 방까지 꼼꼼히 둘러보았다. 송신기와 수신기를 연결한 전선을 찾아보았지만 한 가닥도 발견하지 못했다. 아버지는 도무지 믿을 수 없다는 듯이 다시 키를 눌렀다. 또 한 번 벨 소리가 요란하게 울렸다.

"그럼 뭐냐? 지금 전선도 없이 전기를 이쪽에서 저쪽으로 보냈다는 거니? 응? 아들아, 대답해 보거라!"

굴리엘모는 진지한 얼굴로 차분하게 아버지를 바라보았다.

"네, 말씀하신 대로예요."

아버지가 고개를 저었다. 하지만 이제는 웃지 않았다.

전자기파의 두 얼굴

전자파의 유해성은 뉴스의 단골 소재다. 전자파의 원래 이름은 전자기파다. 전자기파란 전기 에너지의 '전기장'과 자기 에너지의 '자기장'이 서로를 유도하며 파도치듯 뻗어 나가는 현상이다. 이때 파도치는 주기의 길이에 따라 에너지의 크기가 달라진다. 파장이 짧은 감마선·엑스선·자외선은 파장이 긴 적외선·마이크로파·라디오파보다 에너지가 크기 때문에 인체에 치명적인 영향을 미친다.

세계 보건 기구(WHO)는 전자 기기에 주로 사용되는 마이크로파와 라디오파는 에너지가 작기 때문에 생물학적 영향을 유발할 수 없다는 증거가 이미 넘칠 만큼 쌓여 있다고 강조한다. 하지만 의학계 한편에서는 전자 기기가 진화를 계속하는 만큼 앞으로도 꾸준한 연구가 필요하다고 주장한다.

"내 아들의 진로가 정해졌군. 훌륭한 마술사가 되겠구나."

"아니에요, 아버지. '전자기파'라는 거예요. 몇 년 전에 독일 물리학자 하인리히 헤르츠가 전자기파의 존재를 증명했지만, 그걸로 실용적인 도구를 개발하는 데 성공한 건 제가 아마도 처음일 거라고요."

"정말 마술이 아니라고?"

"네, 전선만 없다뿐이지, 전신기처럼 모스 부호 신호를 전송할 수 있으니까요."

굴리엘모가 한 번은 길게 한 번은 짧게 키를 눌러서 길이가 서로 다른 벨 소리를 울렸다.

"알았다. 그렇지만 전신기와 전화기가 있는데 왜 굳이 이런 기계를 만든 거지?"

굴리엘모는 자신의 발명품이 왜 유용한지를 세상에 알리는 게 꽤나 어려운 일일지도 모르겠다는 생각을 했다.

"그렇죠. 하지만 바다를 항해하는 배들끼리 전신 케이블로 연결될 수는 없을걸요? 전선이 없는 곳에서도 아무런 구애도 받지 않고 소식을 전할 수 있다고 상상해 보세요."

아버지는 턱을 긁적이며 한참이나 말이 없다가 마침내 무릎을 탁 치며 말했다.

모스 신호가 카카오톡 메시지만큼 빠를까?

전신기는 글자나 목소리를 직접 전달할 수 없고 뚜-뚜- 하는 한 가지 소리만 전달할 수 있다. 그래서 미국의 새뮤얼 모스는 전신기의 단순한 기계음으로 메시지를 표현하는 모스 부호를 개발했다. 짧은 소리에는 점을, 긴 소리에는 선을, 그리고 그 사이의 공백을 활용해 알파벳 문자에 대응시킨 것이다.

모스 부호는 소리 대신 빛의 길이로도 표현할 수 있다. 예컨대 손전등의 깜박임을 조절해서. 놀랍게도 모스 부호 전문가들이 주고받는 메시지는, 휴대폰 메시지보다 빠를 수 있다는 것이 실험으로 증명되었다.

"애야, 정확히 이해할 순 없지만, 네게 뭔가 대단한 꿍꿍이가 있다는 거겠지? 나도 도움이 되고 싶구나. 네 마술 상자……. 아니, 신통한 전신기의 개발비를 기꺼이 지원해 주마! 대신 우리 식구를 빈털터리로 만들면 안 된다!

무선 전신에서 사물 인터넷까지,
전자기파로 만나는 무선 통신 시대

마술사(?!)가 노벨상을 수상하다 ⭐

굴리엘모 마르코니는 1896년에 런던 토인비 홀에서 무선 전신 장치를 처음으로 대중 앞에 선보였다. 두 개의 나무 상자가 무대의 양쪽 끝에 하나씩 놓였다. 마르코니가 한쪽 상자(송신기)의 키를 누르자, 다른 상자(수신기)에 장착된 벨이 울렸다. 마르코니는 눈속임이 아니라는 점을 증명하려고 관중에게 직접 벨이 달린 수신기 상자를 들고 움직여 보게 했다.

"보세요, 정말 전선이 없답니다!"

굴리엘모 마르코니(Guglielmo Marconi, 1874~1937)
이탈리아의 전기 공학자. 대지주의 아들로 태어나 어머니의 전폭적인 지지를 받으며 발명가의 꿈을 키웠다. 20세 무렵에 헤르츠 같은 물리학자들의 실험실에 머물러 있던 전자기파 이론을 응용해 1896년에 세계 최초로 무선 전신 기술 특허를 취득했다. 1901년에는 대서양을 가로질러 영국과 캐나다를 무선으로 연결하는 데 성공했고, 1909년에는 노벨 물리학상을 수상했다.

구경꾼들은 이를 마술 쇼로 받아들였지만, 영국 정부는 투자 가치를 알아보았다. 좋은 통신 수단은 식민지를 개척하고 통치하는 데 쓸모가 많았기 때문이다.

영국 정부의 후원을 받은 마르코니는 회사를 차려 계속 무선 전신기를 개량해 나갔고, 점점 더 많은 국가들이 무선 통신 기술에 관심을 보였다. 마르코니는 1901년에 대서양을 건너 영국과 캐나다를 무선으로 연결하고, 1909년에는 노벨 물리학상을 거머쥐게 된다.

하지만 마르코니의 무선 전신이 세상의 이목을 사로잡는 계기가 된 사건은 따로 있었다. 바로 유선 통신이 불가능한 바다에서 벌어진 타이타닉호 침몰이었다. 당시 타이타닉호에는 세계 최초의 무선 전신 회사 마르코니사에서 파견된 무선 기사들이 타고 있었다.

타이타닉호 침몰 후, 주가가 폭등하다 ✨

1912년 4월 14일, 짙은 안개가 깔린 밤의 북대서양에서 세계 최대 규모의 초호화 유람선 타이타닉호가 빙산과 충돌했다. 배는 외벽이 찢겨 나간 기관실(보일러실)로 물이 쏟아져 들어오면서 빠르게 기울었다. 무선 기사는 절박하게 구조 신호를 타전했다.

그러나 당시 같은 바다를 지나던 배가 현장에 도달했을 때, 이미 타이타닉호는 가라앉은 뒤였다. 탑승 인원 2,200여 명 가운데 3분의 2가 목숨을 잃었지만 구명 보트에 타고 있던 700여 명은 무사히 구조되었다.

해무에 고립된 채 침몰한 타이타닉호의 비극은 곧장 뭍으로 전해졌다.

상처 입은 거인의 고통이 대서양을 가로질러 울려 퍼졌다. 사방에서 거인의 형제들이 서둘러 구조에 나섰다. (중략) 우리 모두가 거함의 죽음을 목격했다는 사실을 두려운 마음으로 인식한다.

—〈런던 타임스〉, 1912년 4월 16일자 기사 중에서

그런 가운데 700여 명의 생존자를 구해 내는 데 큰 역할을 한 마르코니사의 주가가 폭등했다. 한 시사 만화에서는 마르코니를 바다의 신 넵튠(포세이돈)에게 대항하는 영웅으로 추켜세우기도 했다. 이후 무선 통신 시대에 걸맞게 해상 안전을 위한 국제 무선 통신법이 제정되었다. 이를 계기로 무선 통신은 새로운 시대를 열어 갈 막강한 통신 기술로 주목받았다.

무선 통신, 라디오파로 세상을 연결하다

다시 이야기 속으로 돌아가 보자. 마르코니는 어떻게 전선도 없이 이쪽 방과 저쪽 방을 연결했을까? 바로 라디오파를 사용해서다. 라디오파는 3THz 이하의 전자기파로, 오늘날 통신 위성과 이동 전화, 텔레비전 방송, 라디오 방송, 자기 공명 영상 장치(MRI) 등에 사용되고 있다.

물론 마르코니가 살던 시대에는 앞서 언급된 모든 것이 존재하지도 않았다. 마르코니가 아버지 앞에서 전자기파로 실용적인 도구를 개발하는 데 성공한 건 아마도 자신이 처음일 거라고 이야기하는 자신감은 바로 여기에 근거한다.

전자기파 스펙트럼

　우리는 '빛' 하면 가시광선을 떠올리기 쉽지만, 물리학자들에게 빛은 전자기파다. (가시광선은 전자기파의 0.0001%에 불과하다.) 빛의 입자는 파도처럼 주기를 갖고 공간 속을 퍼져 나가는데, 파장이 길수록 작은 에너지를, 파장이 짧을수록 큰 에너지를 담고 있다.

　그래서 과학자들은 파장에 따라 빛에 각각 다른 이름을 붙였다. 엑스레이에 사용되는 엑스선, 강력한 살균 작용을 하는 자외선, 풍경을 보여 주는 가시광선, 위조 지폐를 감정하는 적외선, 전자레인지에 사용하는 마이크로파, 휴대폰 통화를 가능하게 해 주는 라디오파……. 이들은 모두 파장이 다른 빛인 셈이지만 가시광선을 제외하고는 우리의 눈으로 볼 수 없으므로 빛이라고 부르지 않는다.

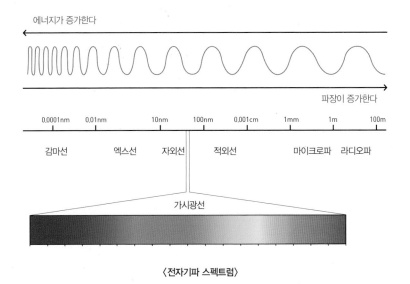

〈전자기파 스펙트럼〉

전자기파 연구의 선각자들

　보이지 않는 것을 상상한다는 게 가능할까? 전자기파 연구의 선각자들은 인간의 제한된 시야(가시광선)를 넘어서는 광선을 탐구한 사람들이다. 1860년대에 스코틀랜드 물리학자 제임스 맥스웰이 이 세상에는 가시광선의 스펙트럼을 넘어서는 전자기파가 존재한다고 예측했고, 1887년에 독일 물리학자 하인리히 헤르츠가 실험으로 전자기파의 존재를 증명해 냈다. 하지만 전자기파를 어떻게 활용할 수 있을지에 대해서는 미처 관심을 두지 못했다.

테슬라는 무선으로 전기 에너지를 송신하기 위해 고전압·고주파의 전기를 생산하는 코일 장치를 만들었다. ⓒDickenson V. Alley

배턴을 이어받은 것은 세계 각지의 공학자들이었다. 특히 세르비아 출신 천재 발명가 니콜라 테슬라는 라디오파를 원거리로 보낼 수 있는 안테나 장치를 개발해 라디오 공학에 큰 영향을 미쳤다. 굴리엘모 마르코니 역시 테슬라의 장치에서 아이디어를 얻어 무선 통신을 상업화하는 데 성공했다.

라디오파, 사물 인터넷 시대의 공로자

사물 인터넷 시대라 불리는 요즘, 새롭게 등장하는 스마트 가전의 가장 큰 특징은 인터넷에 연결할 수 있다는 점이다. 심지어 칫솔조차 말이다. 스마트 칫솔은 내가 양치를 하는 동안 내 치아의 상태를 꼼꼼히 체크한다. 양치질을 끝낸 뒤 휴대폰의 온라인 치과 애플리케이션을 켜면? 칫솔 안에 담긴 내 치아 건강 정보가 애플리케이션에 업데이트된다. 굳이 치과에 가지 않고도 원격 진료를 받아 볼 수 있는 치아 보고서가 만들어지는 것이다.

사물 인터넷은 대부분 무선으로 데이터를 송수신하고 있다. 바로 라디오파를 이용하는 RFID 전자칩 덕분이다. 슈퍼 바코드라는 별명을 지닌 RFID는 가전제품 속에 내장되어 각 사물의 디지털 신분증 역할을 한다.

원리는 간단하다. 휴대폰 유심 칩에 RFID 리더 기능이 탑재되어 있어 RFID 칩이 내장된 칫솔 및 여타 사물을 무선 상태에서도 식별할 수 있는 것이다. 우리가 흔히 사용하는 블루투스 기기 역시 라디오파를 사용해 정보를 송수신한다. 사람과 사람을 연결했던 라디오파가 이제 사람과 사물 사이도 연결하고 있는 셈이다.

나는 로스앤젤레스를 사랑한다.
나는 할리우드를 사랑한다. 그들은 정말 아름답다.
모두가 플라스틱이지만 나는 플라스틱을 사랑한다.
나는 플라스틱이 되고 싶다.

— 앤디 워홀(미국의 화가·영화 감독)

플라스틱,
너의 상상력을 보여 줘

1907, 미국 뉴욕주

PLASTIC

20세기 초반에는 전기가 에너지계의 다크호스로 등장했다. 그런 데 그 당시에 전기의 절연체로 주로 사용되던 셸락은 여러모로 아 쉬운 점이 많았다. 셸락은 나무 수액을 먹고 사는 벌레가 알을 보 호하려고 고치를 만들기 위해 분비하는 물질을 정제한 것이다. 그 런데 이 물질은 날로 치솟는 전기의 수요량을 따라잡을 만큼 공급 량이 충분하지 않은 데다, 고압 전기를 사용하면 전기 누수가 심 했다. 전기 공업계는 보다 안정적인 합성 물질이 개발되어 절연체 를 대체해 주기를 애타게 기다렸다.

백만장자의 화학 실험실

오늘도 리오 베이클랜드는 자신의 실험실에서 페놀과 포름알데히드의 새로운 조합을 연구하고 있었다. 비율과 압력, 온도를 조금만 달리해도 결과물은 판이하게 바뀌었다.

베이클랜드는 전기 공업 전성시대를 살고 있는 화학자로서 싸고 안전한 절연체(전기나 열이 통하지 않는 부도체)를 만드는 일에 몰두하고 있었다.

손이 떨려 왔다. 그는 벨기에에서 미국으로 건너온 이민자였지만, 이미 널따란 집과 개인 실험 창고를 소유하고 있을 만큼 충분히 부유했다. 몇 년 전에 발명한 즉석 인화지 특허를 이스트먼 코닥사(미국의 필름 제조사)에 팔아 말 그대로 백만장자가 되었으니까. 그렇다고 더 큰 부자가 되는 걸 마다할 생각은 없었다. 무엇보다 고분자 화학의 미래를 바꿀 최고의 순간을 두

눈으로 직접 목격하고 싶었다.

"가장 빠른 결과를 얻을 수 있는 최고의 기회는 바로 여기 있지."

조국 벨기에에서 5,900km나 떨어진 미국에서 살게 된 지 20여 년이 지났지만, 실험을 하기 전에는 반드시 모국어로 마음을 다잡았다. 그렇게 소박한 의식을 치르고 나면 용기에 압력 조절기를 부착한 뒤 오븐에 집어 넣었다. 그리고 의자에 앉아서 한참을 기다렸다. 뭔가 기록할 만한 변화가 엿보이면 빠짐없이 적어 내려가기 위해서였다.

벽에 걸린 시곗바늘이 느릿느릿 움직였다. 오븐 온도는 60°에 고정되어 있었다. 베이클랜드의 이마에 땀방울이 맺혔다. 연필을 쥔 손은 자신도 모르는 새 공책을 까만 점으로 가득 채우고 있었다.

'이번에는 뭐가 나올까? 매캐한 냄새가 나는 용액? 깨지기 쉬운 투명한 물질? 그것도 아니면……?'

변신의 고수, 고분자란?

간단한 구조의 원자 집단이 열 또는 압력에 의해 연속적으로 수없이 결합해서 이루어진 거대 분자를 뜻한다. 고분자 물질은 같은 부피의 다른 물질에 비해 무게가 가볍기 때문에 낮은 온도로도 가공하기가 쉬워 형태를 변화시키기가 좋다. 고무는 대표적인 천연 고분자 물질이다.

긴장을 풀기 위해서 일부러 딴생각을 해 보기로 했다. 가장 먼저 떠오른 건 슬프게도 장난감 병정 수집품이었다. 수년 전에 잃어버렸지만 도무지 잊을 수가 없는…….

그날 베이클랜드는 배가 도착하는 시각에 맞추어 항구의 세관으로 달려 갔다.

"수하물 찾으러 왔습니다. 주석 병정 컬렉션입니다."

세관원이 다소 짜증스런 표정을 짓더니, 운송장 번호가 적힌 종이를 주머니에 찔러 넣고 창고로 사라졌다. 한참 뒤, 세관원이 수레에 커다란 짐을 실은 채 다시 돌아왔다.

"고객님의 장난감입니다."

"이건 그저 그런 장난감이 아니에요. 아주 희귀한 수집품이라고요."

베이클랜드가 바로잡았다.

"좋을 대로 부르시죠."

세관원이 중얼거리며 확인증의 수하인이 서명해야 할 곳을 손으로 톡톡 두들겼다.

"그런데 상자가 왜 두 개뿐이지요? 분명 여섯 상자가 와야 하는데……."

"아니요, 두 상자가 확실합니다."

세관원은 다음 방문객을 향해 손짓을 했다.

황망한 마음으로 상자를 열어 보니, 주석 병정의 거푸집만 들어 있었다. 선반 위를 행진해야 할 병정 부대는 아예 오지 않았다! 순간, 바람이 죄다 빠진 풍선처럼 몸이 축 늘어지고 말았다.

바로 그 주석 병정 거푸집이 지금 실험대 옆에 가지런히 놓여 있었다. 만약 합성 고분자 물질을 만드는 데 성공하면, 병정을 손수 구워 봐도 좋을 것 같았다.

액체도 고체도 아닌 물질

'6, 5, 4, 3, 2, 1……. 됐다!'

마침내 예정된 시각이 되었다. 바로 오븐을 열고 내용물을 관찰할 때인 것이다.

두꺼운 장갑을 손에 끼고 오븐에서 용기를 꺼냈다. 떨리는 마음으로 용기의 뚜껑을 살며시 열었다.

난생처음 보는 오렌지색 물질이 들어 있었다. 가느다란 실험 막대로 살짝 눌러 보니 막대기가 속으로 쑥 들어갔다. 꿀이나 나뭇진만큼 끈적해 보였다. 이건 그야말로 액체도 고체도 아니었다.

"성공이야."

이제부턴 몹시 서둘러야 했다. 여차하면 식어서 딱딱하게 굳어 버릴지도 모르니까. 베이클랜드는 용기를 재빨리 작업대로 옮긴 뒤 거푸집에 그 물질을 따라 넣었다. 그리고 뚜껑을 덮은 후, 적당한 압력을 가하기 위해 두꺼운 백과사전 두 권을 그 위에 올려놓았다.

그런 다음, 모자와 외투를 걸치고 문밖으로 나섰다.

'산책이라도 하자고!'

가로수가 늘어선 공원 산책로에 들어섰다. 하지만 얼마 못 가 걸음을 멈추고 주머니 속 회중시계를 꺼내 들었다. 고분자 물질이 굳으려면 적어도 한 시간은 족히 걸릴 것 같았다.

'고작 한 시간이 왜 이렇게 길게 느껴지지?'

그는 벤치에 앉아서 비둘기 무리에게 모이를 던져 주었다.

공원 분숫가에서 작은 돛단배를 가지고 노는 소년과 몇 마디 이야기도 나누어 보았다. 누군가 버려 두고 간 신문을 뒤적이다 쓸데없이 구두끈을 다시 묶기도 했다.

개를 데리고 산책하는 신사에게 말을 걸어 보기도 했다. 아쉽게도 그 사람은 영어도 벨기에어도 할 줄 몰랐다.

마침내 한 시간이 지났다. 베이클랜드는 연구실로 허겁지겁 달려갔다. 거푸집 밖에 손끝을 대 보았다. 집을 나설 때만 해도 손을 댈 수 없을 만큼 뜨겁던 거푸집이 이제는 차갑게 식어 있었다. 백과사전을 치우고 뚜껑을 들어 올렸다. 병정 넷이 금속 틀에 나란히 누워서 그를 물끄러미 올려다보았다.

베이클랜드는 그중 하나를 꺼내 들었다. 적당히 단단해 보였다. 게다가 이번 합성 물질은 병정이 입고 있는 제복의 단추 하나하나까지 세세하게 드러내 보였다.

"주석보다 나을 수도 있겠는걸!"

서둘러야 했다! 당장 자신의 발명품을 세상에 알려야만 했으니까. 서류를 작성하고 실험 자료를 첨부해서 특허청에어서 빨리 제출해야 했다. 그런데 그 전에 합

발명가의 삶

나는 때때로 발명가의 삶을 잘 알지 못하는 사람들이 펼치는 상상에 재미를 느낍니다. 실험실에서 갑자기 운 좋게 영감이 떠올랐을 것이라거나, 돈을 쏟아붓는 즉시 발명에 성공했을 것이라거나……. 그들은 개발 과정에서 일어나는 온갖 일들과 온갖 노력, 온갖 고난, 온갖 책임에 대해서는 잘 모르지요. 발명가가 기술적 문제 외에도 저작권 침해를 비롯해 상업적 문제와 복잡하게 얽힌다는 사실도요. 그렇거나 말거나, 나는 이 모든 고투가 발명가에게 아주 유익하다고 봅니다. 그것이 기개를 단련시키고, 더 많이 노력하도록 채찍질을 하니까요.

—리오 베이클랜드가 폴 프레데릭(기자)에게 쓴 편지에서

성 물질을 조금 더 만들어야겠다는 생각이 들었다.

"소총수 몇 명이 더 필요해. 북 치는 병사도 빠뜨리면 안 되지. 특허 서류는 그다음에 준비해도 늦지 않을 거야."

버섯으로 스티로폼을 만든다고?
플라스틱 시대를 살아가는 화학자들의 분투기

최초의 합성수지, 베이클라이트

1909년에 리오 베이클랜드는 최초의 합성수지를 발명하고 '베이클라이트'라는 이름을 붙였다. 합성수지가 뭘까? 단서는 133쪽에 나온 다음 문장에 숨어 있다.

"난생처음 보는 오렌지색 물질이 들어 있었다. …… 꿀이나 나뭇진만큼 끈적해 보였다. 이건 그야말로 액체도 고체도 아니었다."

나뭇진은 나무에서 흘러나온 진액으로 수지라고도 부른다. 끈적끈적한 점성이 있지만 금방 응고되어 단단해진다. 그런데 일정 온도 이상에서 말랑말랑해져서 모양을 바꾸기가 쉽다.

합성수지는 이런 나뭇진(천연수지)의 특성을 모방한 화합물이다. 배관용 파이프에 자주 쓰이는 베이클라이트, 종이컵과 우유팩의 내부 포장재로 쓰이는 폴리에틸렌, 인조 잔디를 만드는 폴리프로필렌, 수족관 수조로 쓰이는 아크릴…… 등등 종류가 백만 가지도 넘는다. 이처

베이클랜드의 플라스틱 제조기 '베이클라이저' ©Science History Institute

리오 베이클랜드(Leo Hendrik Baekeland, 1863~1944)

벨기에 출신의 미국 화학자. 20대 중반에 여행 장학금으로 미국에 건너갔다가 사진 회사로부터 스카우트 제의를 받고 미국에 그대로 정착했다. 인공조명으로 사진을 인화할 수 있는 종이를 개발한 뒤, 그 특허료를 화학 연구의 밑천으로 삼았다. 전기 공업에 쓸 수 있는 새로운 절연체를 찾다가 최초의 열경화성 합성수지 '베이클라이트'를 발명해 '플라스틱 공업의 아버지'로 불린다.

럼 다양한 합성수지를 모두 아우르는 말이 바로 플라스틱이다. 자 그럼, 플라스틱의 아버지로 불리는 리오 베이클랜드의 인터뷰를 만나 보자.

"나는 한동안 단단한 것을 만들기 위해 무진장 노력했습니다. 그러다 문득 그게 아니라는 것을, 형태를 이리저리 바꿀 수 있을 만큼 부드러운 것을 만들어야 한다는 사실을 깨달았습니다. 그 깨달음이 플라스틱을 탄생시켰습니다."

플라스틱은 변신의 귀재

플라스틱(plastic)이라는 말은 명사이면서 형용사로도 쓰인다. 형용사로 쓸 때는 '가소성이 좋은', '원하는 대로 모양을 바꿀 수 있는'이라는 뜻이 된다. 여기서 성형 수술(plastic surgery)이라는 말도 뻗어 나왔다.

할리우드 스타의 사진을 모티프로 한 판화 작품들로 유명한 팝 아트의 거장 앤디 워홀은 성형 수술에 중독되어 있었다고 한다. 그는 이런 말을 남겼다.

"나는 할리우드를 사랑한다. 그들은 정말 아름답다. 모두가 플라스틱이지만 나는 플라스틱을 사랑한다. 나는 플라스틱이 되고 싶다."

앤디 워홀은 왜 플라스틱이 되고 싶었을까? 성형 수술을 좋아했기 때문일까? 아니면 플라스틱 속에 숨겨진 무한한 유연성과 창조성을 사랑했던 것일까?

인체를 합성수지로 만든다고?

독일의 해부학자 군터 폰 하겐스는 인체를 합성수지화하는 기술인 플라스티네이션을 개발했다. 시신의 몸에서 수분과 지방을 쏙 뺀 뒤, 빈 공간에 실리콘과 고무 등 각종 합성수지를 주입한 것이다. 1995년부터 플라스티네이션 표본 전시회 '인체의 신비'가 개최되어 전 세계를 순회하며 수백만 명의 관객을 끌어모았다. 생생한 생물학 수업도 좋지만 합성수지 인체 전시회라니, 등골이 오싹해지지 않는가?

그린피스, 레고로 석유 화학 산업의 모순을 경고하다!

국제 환경 단체 그린피스는 2014년에 석유 화학 산업의 모순을 고발하는 동영상을 제작해 유튜브에 공개했다. 이 고발 영상은 처음부터 끝까지 플라스틱 장난감 레고만 사용해서 만들었다.

빙벽을 아장아장 산책 나가는 새끼 북극곰, 행복한 얼굴로 낚싯대를 던지는 이누이트족, 설산을 배경 삼아 날갯짓하는 갈매기……. 그런 풍경 한켠에 석유 굴

착기가 서 있다. 그런데 굴착기에서 새어 나온 검푸른 석유가 퍼져 나가 새하얀 설원과 북극의 바다를 완전히 집어삼키고 만다.

그린피스는 왜 하필 레고로 이런 광고를 만든 걸까? 그야 레고는 플라스틱 장난감의 대명사니까! 그리고 플라스틱은 대부분 석유 화학 공업의 부산물을 원료로 하기 때문이다. 석유에서 나온 플라스틱은 이론적으로는 열을 가해서 재생 석유로 돌아갈 수 있다고 하지만, 아직까지는 기술의 한계로 쉽지가 않다고 한다.

2017년에 캘리포니아 대학교를 비롯한 여러 연구소에서 공동으로 발표한 논문에 따르면, 1950년부터 2015년까지 66년 동안 전 세계에서 생산된 플라스틱 생산량은 83억t이며, 그중 75.9%가 쓰레기로 폐기되었다고 한다. 이렇게 버려진 플라스틱 가운데 재활용 비율은 9%뿐이었다. 그 가운데 12%는 소각되었고, 79%는 땅속에 매립되거나, 또 다른 경로로 자연 환경을 떠도는 폐품이 되었다. 태평양 한가운데 '쓰레기 둥둥 섬'이 생기는 것도 무리가 아닌 셈이다!

2019년 5월 현재, 유튜브 8백만 조회 수를 기록하고 있는 그린피스의 고발장! 레고사는 친환경 소재의 대체재를 찾기 위해 연구 중이며, 2018년에는 사탕수수 원료의 레고를 출시하기도 했다.©GREENPEACE

인류가 살았던 시대는 플라스틱 문명으로 기억될까?

과학자들은 만약 인류가 멸망한 뒤 수백만 년이 흘러 새로운 생물 종이 지구에 출현한다면, 그들은 플라스틱 물질이 유독 많이 발견되는 지층을 가리켜 하나의 시대로 명명할 수도 있을 거라고 말한다. 인류의 흔적이 모조리 자취를 감춘 뒤에도 플라스틱은 남아 있을 거란 얘기다.

지금 이 순간에도 태양과 파도는 플라스틱을 분해하고 잘게 부수지만, 미세 플라스틱은 완전히 사라지지 않고 쌓여 가는 중이다. 만약 내가 오늘 생수병을 하나 땅속에 묻는다면, 그 플라스틱 병은 내 백골이 진토된 뒤에도 꿋꿋이 남아 새로운 지구인을 맞이하게 될지도 모른다.

생체 모방 공학, 플라스틱 혁명을 이끌까?

이케아에서 가구를 주문하면, 조금 특별한 스티로폼이 딸려 온다. 원래 스티로폼은 플라스틱 알갱이를 가스로 부풀려 만든다. 하지만 이케아의 포장재는 버섯 포자로 만든 스티로폼! 버섯 균사체는 발수성이 강하고 절연성이 있으며 조직이 매우 치밀하다는 점에서 스티로폼의 역할을 톡톡히 할 수 있다. 게다가 이 스티로폼은 자연 상태로 분해되기 때문에 땅에 묻으면 거름 역할까지 해낸다고.

버섯 스티로폼은 미국의 스타트업 기업 에코버티브 디자인사의 개발품이다. 이들은 버섯 스티로폼의 쓰임새를 확장해 운동화 밑창, 건축 단열재, 자동차 범퍼, 서핑 보드까지 만들고 있다. 이처럼 자연이 본래 지닌 과학적 원리에서 영감을 받아 개발된 기술을 생체 모방 공학이라고 부른다.

에코버티브 디자인사가 개발한
버섯으로 만든 스티로폼. ©Mycobond

　플라스틱을 대체할 생분해성(미생물에 의해 자연적으로 분해되는 성질) 물질을 찾는 노력 외에도 플라스틱 자체를 더 좋은 품질로 개선하는 공학 기술 또한 등장하고 있다. 미국 일리노이 대학교의 교수이자 신소재 공학자인 낸시 소토스는 사용하다 보면 어쩔 수 없이 생기는 생활 흠집을 바로 수리할 수 있다면, 플라스틱 제품의 수명이 길어질 거라고 보았다.

　그리하여 개발한 것이 자가 회복 능력이 있는 플라스틱이다. 플라스틱에 수지 캡슐 코팅재를 덧입힌 것인데, 어쩌다 플라스틱 제품이 충격을 받더라도 이 캡슐이 터지면서 균열을 메우게 된다.

찾고 있지 않던 것을 찾을 때가 있다.

— 알렉산더 플레밍(영국의 미생물학자)

페니실린,
곰팡이는 기적이었어

1928, 영국 런던

PENICILLIN

동화 〈잠자는 숲속의 공주〉를 보면, 공주가 물레 바늘에 찔려 의식을 잃는다. 살갗 좀 긁혔다고 웬 약한 척? 아니지, 어쩌면 물레 바늘에 있던 박테리아(세균)에 감염이 되었는지도 모른다. 20세기 초반만 해도 박테리아 앞에서는 장사가 없었다. 작고 어린 아이뿐만 아니라, 우람하고 건장한 어른의 목숨도 쉽게 거둬 갔으니까. 수천 년 동안 인류는 잠자는 숲속의 공주만큼 무력했다. 제1차 세계 대전 당시 프랑스의 서부 전선에서 의무병으로 일했던 알렉산더 플레밍은 수많은 병사들이 감염으로 목숨을 잃는 것을 목격하고는, 수년째 항생제를 찾고 있었는데······.

지저분하기로 유명한 실험실

8월 말의 아침이었다. 젊은 의사 멀린 프라이스는 미생물학자 알렉산더 플레밍의 연구실로 불쑥 고개를 디밀었다.

"교수님……? 어이쿠, 이게 다 뭐야?"

먼지가 폴폴 날리는 연구실에는 아무도 없었다. 다만 증류기와 현미경, 비커, 원심 분리기…… 등 각종 실험 기구가 너저분하게 널려 있었다. 프라이스는 그제야 플레밍 교수가 휴가 중이라는 사실을 떠올렸다. 마침 청소부들은 파업 중이었다. 혹시 임금 협상 때문일까?

"아무리 그래도 그렇지, 교수님도 참! 최소한의 정리 정돈은 스스로 하시면 좋을 텐데 말이야!"

프라이스는 이 연구실만큼은 자기 주머니 속처럼 속속들이 알고 있었다.

2년 전까지 플레밍의 조수로 일했으니까. 처음에는 스승과 제자로 시작했지만, 비좁은 연구실에서 오랜 시간 함께 지내다 보니 나중에는 자연스럽게 친구 같은 사이가 되었다. 프라이스가 새로운 연구 주제를 찾아 독립해 나온 지금까지도 두 사람은 더없이 가깝게 지냈다.

프라이스는 기꺼운 마음으로 연구실을 정리하기 시작했다. 실험 도구와 시약병들을 제자리에 가져다 두고 시험관과 계량컵을 깨끗이 물로 씻었다.

작은 창문 바로 아래쪽 선반에는 페트리 접시들이 잔뜩 쌓여 있었다. 페트리 접시는 찻잔받침만 한 크기에 높이는 손가락 한 마디쯤 되는 둥근 유리 용기로, 학자들은 이 접시에다 곰팡이나 박테리아 같은 각종 미생물을 배양해서 연구한다.

프라이스는 깨끗한 페트리 접시를 골라내 캐비닛에 차곡차곡 쌓았다. 어떤 접시에는 배양물이 담겨 있었다. 프라이스는 호기심에 그중 하나를 현미경으로 들여다보았다.

"포도상구균이군."

몇 주 전, 플레밍이 휴가를 떠나기 전에 배양을 시작한 모양이었다. 복귀 후에 바로 연구를 시작할 생각이었겠지. 프라이스는 배양물이 담긴 접시들을 선반 구석에 따로 정리해 두기로 했다.

그런데 마지막 접시를 들어 올리는 순간, 접시 안을 들여다보고는 소리를 꽥 지르고 말았다.

"이런……, 이건 오염되었네!"

포도상구균의 불행한 최후

그 접시에는 박테리아만 배양된 게 아니라 청록색 곰팡이까지 피어 있었다. 오염의 원인은 여러 가지가 있을 수 있었다. 실험 전 페트리 접시가 청결하지 않았거나, 뚜껑을 제대로 닫지 않았거나, 소독이 덜 된 실험 도구가 스쳤거나, 연구자가 실수로 콧물 같은 체액을 떨어뜨렸거나…….

실제로 알렉산더 플레밍은 1922년에 감기에 걸린 상태에서도 실험을 계속하다 배양 접시에 콧물을 떨어뜨렸고, 콧물 속에서 항균 물질 '리소자임'을 발견했다. 리소자임을 발견하면서 플레밍 교수의 명성은 대단히 높아졌지만……, 그런 행운은 평생 가야 딱 한 번 있을까 말까 한 일이었다. 대부분의 오염된 배양체는 가차 없이 쓰레기통으로 직행했다.

프라이스는 접시의 내용물을 긁어내기 위해 얇은 주걱을 손에 쥐었다.

포도처럼 생긴 박테리아, 포도상구균

피부 감염증, 식중독, 패혈증, 폐렴 등 많은 감염성 질병의 원인이 되는 박테리아다. 현미경으로 관찰했을 때 포도처럼 보여서 이런 이름이 붙었다. 모기에 물린 자리가 가렵다고 침을 바르면 곤란하다. 침 속에 들어 있는 포도상구균 등의 박테리아가 오히려 상처를 악화시킬 수 있다.

"포도상구균이 곰팡이의 습격으로 불행한 최후를 맞았다 이거지, 응?"

순간, 뭔지 모를 호기심이 그를 휩쌌다. 프라이스는 혼잣말을 곱씹으며 접시를 다시 자세히 들여다보았다. 별생각 없이 한 말이지만, 말 그대로 곰팡이 주변에 있던 박테리아가 다 죽어 있었다.

프라이스는 그 페트리 접시를 현미경 밑으로 가져가 관찰했다.

"플레밍 교수님께 이걸 보여 드려야겠어!"

플레밍 교수의 연구 목적이 바로 감염의 주요 원인인 포도상구균을 제거하는 것이었다. 혹시 이 페트리 접시에서 힌트를 얻을 수 있지 않을까? 프라이스는 페트리 접시를 캐비닛에 잘 넣어 둔 채 연구실을 나섰다.

곰팡이의 정체

플레밍 교수의 연구실 아래층에는 곰팡이를 연구하는 학자의 연구실이 있었다. 푸른곰팡이의 포자는 그곳에서 플레밍 교수의 연구실로 날아들었을 가능성이 높다. 곰팡이는 생물 분류에 있어 균계에 속하는데, 영양분을 흡수하는 방식이 좀 독특하다. 보통의 동물은 먹이를 밖에서 제 몸 안으로 끌어들이지만 균계 미생물들은 거꾸로 자기 몸 밖으로 소화 효소를 분비해서 다른 동식물 또는 다른 균류를 분해한 뒤 그 영양분을 흡수해 살아간다. 그래서 생태계의 세 가지 역할인 생산자·소비자·분해자 중 분해자의 역할을 맡고 있다.

푸른곰팡이의 비밀을 찾아서

그로부터 일주일쯤 지난 뒤, 프라이스가 다시 플레밍 교수의 연구실을 찾았다. 마침 교수는 새 조수와 담소를 나누고 있었다.

"플레밍 교수님! 휴가 잘 다녀오셨어요?"

프라이스의 목소리에 플레밍 교수의 숱 많은 눈썹이 봉긋 솟아올랐다.

"프라이스, 오랜만이야! 자, 여기는 새로 들어온 조수 크래덕일세."

플레밍 교수가 프라이스에게 조교를 소개하며 미소를 짓자, 청년이 수줍게 인사를 건넸다. 프라이스는 그의 어깨를 툭툭 두드렸다.

"기운을 내, 크래덕. 플레밍 교수님은 실험에 굶주리긴 했지만 사람에 굶주린 괴물은 아니라고! 잘 지낼 수 있을 거야. 최고의 스승님이지."

"어허, 프라이스 이 사람, 안 되겠는데? 가만두면 내 약점을 미주알고주알 다 까발리겠구먼!"

잠시 후 조수가 자리를 비운 뒤…….

"참, 교수님! 보여 드릴 게 있습니다."

프라이스는 선반 구석에 놓아 둔 배양 접시를 가져와 플레밍 교수에게 내밀었다. 플레밍 교수가 배양 접시를 내려다보더니 멋쩍은 미소를 지었다.

"아, 또 오염 물질의 습격을 받았군!"

프라이스가 사뭇 진지한 표정으로 교수의 손바닥 위에 배양 접시를 올려 두었다.

"이 곰팡이 주변부를 잘 살펴보세요."

플레밍 교수는 안경을 고쳐 쓰고 밝은 창문 옆으로 다가갔다. 접시를 유심히 들여다보던 플레밍 교수의 입이 헤벌어졌다.

"이거 재미있는데? 프라이스, 자네 생각은 어떤가?"

교수는 현미경 아래 배양 접시를 두고 꼼꼼히 관찰하며 물었다.

프라이스가 팔짱을 끼며 의미심장한 표정으로 고개를 끄덕였다. 플레밍 교수의 연구실을 떠나온 지가 한참되었지만, 포도상구균과 함께한 시간은 쉽게 잊히지 않았다.

"아마도 교수님 생각과 같겠지요. 그 곰팡이가 포도상구균을 박멸한 거 같아요."

"그래, 자네 이게 무슨 의미인지 아나? 우리가 이제야 목표에 아주 가까이 다가갔다는 놀라운……."

플레밍 교수는 현미경 렌즈에서 눈을 떼지 못한 채 중얼거렸다. 순간 프라이스가 교수의 말을 가로막았다.

"우리가 아니라 교수님이시죠. 저는 이미 박테리아 연구에서 손을 뗐는데요."

플레밍이 현미경 렌즈에서 눈을 떼고

프라이스를 바라보았다.

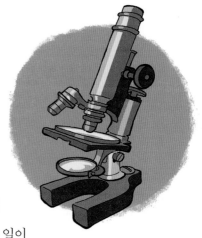

"프라이스, 이건 정말 대단한 발견이야. 이걸 제일 먼저 발견한 건 자네라고!"

프라이스가 크게 손을 흔들었다.

"제가요? 저는 그냥 연구실 정리를 했을 뿐인걸요. 청소부들이 파업을 하지 않았다면 그 사람들이 맨 처음 발견했을 일이에요. 푸른곰팡이에서 뭔가 이상한 낌새를 느낀 건 순전히 교수님의 연구를 오랫동안 지켜본 덕이에요. 그 배양 접시도 교수님의 것이고요."

"프라이스, 이 연구실로 돌아와. 연구를 함께하세!"

프라이스가 흐뭇한 미소로 답하며 교수의 팔에 한쪽 손을 올려놓았다.

"플레밍 교수님, 전 항상 교수님을 존경했습니다. 그리고 지금은 좋은 친구라고 생각해요. 제안은 감사드려요. 하지만 저에게도 가야 할 길이 있어요. 이건 교수님의 길이고요."

페니실린에서 슈퍼 항생제까지,
인류의 생명을 짊어진 미생물의 연금술

페니실린, 플레밍의 선반 위에 잠들다 ✦

알렉산더 플레밍의 배양 접시 속에서 우글대던 포도상구균을 일거에 섬멸한 푸른곰팡이! 이 곰팡이의 정식 명칭은 '페니실리움 노타툼'이었다. 페니실리움 노타툼에서 나온 액체 1mm당 0.000002mm 의 힘은 실로 대단했다. 포도상구균뿐만 아니라 연쇄상구균, 수막염균, 디프테리아균 등 수많은 박테리아와 맞닥뜨리면서도 항생 작용(서로 다른 미생물이 만났을 때 한쪽이 다른 쪽의 생장을 억제하는 현상)을 보였기 때문이다.

플레밍은 이 물질에 페니실린이라는 이름을 붙이고, 푸른곰팡이에서 페니실린을 정제할 방법을 찾아 나섰다. 하지만 페니실린을 정제하기는 너무나 힘들었고, 어렵사리 추출한다 해도 불과 몇 시간 만에 효능이 사라져 버렸다. 플

푸른곰팡이 페니실리움.
ⓒRui Tome

알렉산더 플레밍(Alexander Fleming, 1881~1955)

영국의 미생물학자. 제1차 세계 대전 당시 왕립 군사 의무단에서 많은 병사들이 세균 감염에 의해 목숨을 잃는 것을 목격하고 이를 해결하기 위한 항생 물질을 찾아 나섰다. 런던 성모 병원에서 근무하던 1928년에 포도상구균의 배양물에서 자라난 푸른곰팡이가 박테리아의 증식을 막는다는 사실을 발견했고, 페니실린이 대량 생산되기 시작한 뒤 1945년에 노벨 생리의학상을 수상했다.

레밍은 페니실린에 관한 논문을 써서 발표했으나 한동안 의학계의 외면을 받았다. 그렇게 10년이 넘는 세월 동안 문제의 페트리 접시는 플레밍의 연구실 선반 위에 머물러 있었다.

드디어 항생제 시대가 개막하다 ⭐

1939년에 옥스퍼드 대학교에서 호주 출신 병리학자 하워드 플로리와 독일 출신 생화학자 언스트 체인은 알렉산더 플레밍의 논문을 읽고 페니실린 후속 연구에 나섰다. 그들은 페니실린을 소량 추출하는 데 성공했다.

이 최초의 항생제는 1940년에 한 남성에게 투여되었다. 옥스퍼드에서 경찰관으로 일하던 이 남성은 장미 가시에 긁힌 상처로 패혈증(박테리아에 감염돼 전신에 심각한 염증을 일으키는 증세)을 앓다가 끝내 안구까지 적출한 상태였다. 그런데 페니실린이 투여되자마자 24시간도 안 돼 병세가 호전되었다. 투약량이 충분치 않았기에 의료진은 환자의 소변에서 다시 페니실린을 추출해 투여하는 등 고투를 벌였지만 환자는 결국 죽고 말았다.

안타까운 사정이 널리 알려지자 몇몇 제약 회사가 페니실린 개발에 뛰어들었고, 1943년부터 대량 생산되어 부상당한 연합국(제2차 세계 대전 당시 독일·이탈리아·일본의 파시즘과 침략에 대항해 연합한 미국·소련·영국·프랑스 등의 여러 국가) 군인들에게 보급되었다.

오늘날 세균 감염을 걱정하지 않고 안전하게 외과 수술을 할 수 있는 것도 수술 전에 정맥으로 투여하는 항생제 덕분이다. 과장을 좀 섞어 말하자면, 우리가 체육 시간에 온몸에 보호구로 무장하는 대신 가벼운 체육복을 입고 수업할 수 있는 것도, 작은 상처에 연연하지 않고 용감하게 세상을 헤쳐 나갈 수 있는 것도 다 항생제라는 '믿는 구석'이 있기 때문이다.

하워드 플로리와 언스트 체인, 그리고 알렉산더 플레밍은 1945년에 공동으로 노벨 생리의학상을 수상했다. 그들이 만든 최초의 항생제 페니실린은 질병과 싸워 온 인류의 역사에서 가장 위대한 약진으로 평가된다.

알렉산더 플레밍의 친구 멀린 프라이스는 이 모든 업적에서 한발 떨어져 있었고, 여전히 플레밍의 가장 친한 친구로 남아 있었다고 한다.

슈퍼 박테리아가 나타났다고?

알렉산더 플레밍은 노벨상 시상식에서 페니실린을 함부로 사용하면 내성 세균이 생길 거라고 경고했다. 어느 정도 시간이 흐르면 박테리아가 페니실린보다 막강해질 거라고. 100년도 채 지나지 않아 그 말은 현실이 되었다.

한때 '기적의 약'으로 불리던 페니실린의 약효가 어느 순간 뚝 떨어진 것이다. 지금도 약리학자들은 페니실린보다 강력한 새로운 항생제를 개발하는 데 박차

"It was on a short-cut through the hospital kitchens that Albert was first approached by a member of the Antibiotic Resistance."

항생제 남용을 풍자한 만화. "앨버트가 처음 항생제 내성균 레지스탕스와 접촉한 건 병원 주방을 지나는 지름길에서였다. '이봐, 꼬마야! 너 슈퍼 버그 되고 싶지 않냐? 네 유전자에 이걸 붙여라. 페니실린도 널 건드릴 수 없을 거다!'" ⓒNick Kim

를 가하고 있다. 문제는 박테리아 역시 새로운 항생제에 맞서 분발한다는 사실! 말하자면 항생제와 박테리아가 공진화(서로 다른 종끼리 영향을 주고받으며 함께 진화해 가는 현상)하고 있는 셈이다.

　이렇게 힘이 세진 박테리아를 슈퍼 박테리아 내지는 슈퍼 버그라 부르는데, 이들이 항생제에 대항하는 수법은 영악하다 싶을 정도다. 자기 몸에 항생 물질이 들어오면 안착될 수 없도록 수용체 부착 부위 모양을 변형시키는가 하면, 분해 효소를 뿜어내서 항생제의 약효가 전혀 남아 있지 않은 밀가루 상태로 만들어 버린다. 또 자기 세포막을 두껍고 단단하게 해서 항생제를 아예 몸 밖으로 튕겨 내 버리기도 한다.

　이런 탓에 매일 전 세계에서 약 1,700명이 슈퍼 박테리아에 감염되어 죽어 가고 있다.

슈퍼 항생제를 찾아 나선 사람들

이 절망적인 소식에 맞서 새로운 슈퍼 항생제를 찾아 나선 사람들이 있다. 자그마한 몸에서 강력한 항균 물질을 만들어 내는 거미에게서 답을 찾는 동물학자가 있다. 이 거미들은 100만분의 1ℓ의 절반의 독을 만 번 희석한 양으로도 슈퍼 박테리아를 죽일 수 있다고 한다.

병을 치료하는 바이러스인 '파지'를 이용해 박테리아를 사냥하려는 생명 공학자들도 있다. 파지는 박테리아의 세포벽에 달라붙어 자신의 DNA를 주입함으로써 새로운 파지를 만들어 내게 한다. 이런 식으로 파지들이 세포벽 안에 쌓이면 결국 박테리아의 세포벽은 폭발하고, 새롭게 생성된 파지들이 또 다른 박테리아 사냥에 나선다.

알렉산더 벨크레디의 Ted 강연 〈우리는 바이러스가 항생제 위기의 해법이 되어 줄 수 있다는 사실을 잊고 있었습니다〉에서 파지가 박테리아를 사냥하는 모습. ⓒTED

물리학자들은 인체에 무해한 살균용 극자외선을 사용해 박테리아를 무찌를 방법을 찾고 있다. 극자외선의 사용을 실용화할 수 있다면 비용이 적게 들기 때문에 공항 같은 공중 시설부터 멸균이 중요한 외과 수술 현장까지 다양하게 활용될 수 있을 것으로 기대된다.

박테리아 간의 의사소통 체계를 무력화시키고 방해함으로써 질병 자체를 억제하려는 나노 물리학자도 있다. 박테리아는 우리의 몸 안에 들어오면 일단 증식을 거듭해서 정족수를 채운 뒤 공격을 한다. 그 때문에 박테리아가 정족수를 인식하는 일 자체를 방해하는 분자를 투여해 박테리아의 집단 행동을 막으려는 것이다.

과학자들은 무엇이 가능하고 무엇이 불가능한지
미리 예단해 버리는 경향이 있다.
하지만 그는 무엇이 불가능한지 전혀 모르고 있었다.

— 익명의 MIT 공학자

전자레인지,

따끈하게, 신속하게!

1945, 미국

매사추세츠주

MICROWAVE
OVEN

인류는 약 35만 년 전부터 연소라는 화학 반응을 이용해 요리를 해 왔다. 연소란 어떤 물질이 산소와 반응해 빛과 열을 내는 현상이다. 적절한 연소 반응은 불맛 그윽한 맛난 음식을 만들어 주지만, 산소가 부족하면 불완전 연소가 일어나 식재료를 태워 버린다. 요리의 역사에서 불이 빠질 수 없는 이유이자, 불을 잘 다스리는 것이 요리사의 중요한 자질이 되는 까닭이다. 그런데 요즘 우리 곁에는 연소 과정이 필요 없는 신통방통한 조리 도구들이 있다. 그 대표 주자인 전자레인지는 제2차 세계 대전 당시 전쟁 무기를 만들던 회사에서 처음 개발했다는데…….

처음엔 극비 사항이었다고?

퍼시 스펜서는 미국 방산 기업(국가 방위용 군수품을 제작하는 산업체)인 레이시온사의 기술 감독이었다. 어느 날 사장이 사무실로 스펜서를 부르더니 창과 문을 꽁꽁 닫아걸고 '극비 사항'이라는 글씨가 적힌 나무 상자를 건넸다.

"스펜서 군, 열어 보게. 그게 뭔지 알겠나?"

뚜껑을 열어 보니, 놋쇠 장치가 내부에 장착된 유리관이 들어 있었다.

"진공관인가요?"

"마이크로파(주파수가 매우 높은 전자기파로, 극초단파라고도 부른다.)를 생성하는 특수한 진공관이야. '마그네트론'이라고 하지. 영국인들이 생산한 거라네. 어디에 쓰이는지는 알고 있나?"

전파 탐지 기술, 레이더

레이더(radar)는 '무선 탐지와 거리 측정(radio detection and ranging)'의 줄임말이다. 애초에 무기로 개발되었지만 전쟁이 끝난 뒤에도 다양한 쓰임새로 사용되고 있다. 천문학자들은 태양계 행성의 지형을 연구하는 데, 기상학자들은 구름의 상태를 관측하는 데 레이더를 사용한다.

직접 본 것은 처음이지만 쓰임새는 잘 알고 있었다. 그것은 제2차 세계대전 중에 급부상한 전파 탐지 기술, '레이더'의 핵심 장치였다.

레이더는 마이크로파라는 전파를 쏘아서 아주 멀리 있는 적군의 폭격기나 선박의 위치를 확인하는 장치다. 마이크로파가 어떤 물체의 표면에 닿은 뒤 반사되어 돌아오는 시간을 측정함으로써 물체와의 거리, 방향, 거기다 물체의 속성까지 확인할 수 있다. 이 과정에서 마이크로파를 발생시키는 것이 바로 눈앞의 진공관, 즉 마그네트론이라는 자전관의 역할이다.

스펜서는 꼭 구술시험을 보는 학생처럼 마그네트론에 관한 지식을 줄줄 읊었다. 사장이 말했다.

"아주 훌륭하군. 마그네트론은 구조가 상당히 복잡해. 지금 영국인들은 하루에 최대 17개의 마그네트론을 제작하고 있지. 그런데 그것만으로는 충분하지가 않아. 그래서 우리 미국에 도움을 청했다네."

스펜서는 그제야 사장실로 호출받은 이유를 이해했다. 연합군을 승리로 이끌 마그네트론을 생산하라……. 최대한 빨리, 최대한 많이.

곧바로 영국산 마그네트론의 구조를 수정해 나갔다. 그러자 놀랍게도 하루에 자그마치 2,600개의 마그네트론을 생산할 수 있게 되었다. 스펜서는 너무 흡족한 나머지, 그동안 엄격하게 지켜 온 아내와의 약속을 어기고, 자신에게 큰 상을 내리기로 결심했다. 다이어트를 잠시 쉬기로.

스펜서는 초콜릿 바를 책상 위에 올려놓고 애정을 가득 담아 바라보았다. 입 안에서 녹아내리는 초콜릿을 상상하며 기대감을 한껏 증폭시켰다. 하지만 초콜릿 바의 포장지를 뜯어 혼자만의 작은 파티를 즐기려는 순간, 난데없이 전화벨이 울렸다. 스펜서는 인상을 잔뜩 구기고 수화기를 들었다.

"부장님, 마그네트론에 문제가 발생했습니다. 실험실로 급히 와 주시겠습니까?"

실험실은 사무실에서 꽤 멀리 떨어진 건물에 있었다. 스펜서는 한숨을 폭 내쉬었다. 이렇게 초콜릿 바를 무방비 상태로 부려 둔 채 자리를 떠날 수는 없었다. 그는 셔츠 주머니에 연필과 계산자, 그리고 초콜릿 바를 찔러 넣었다.

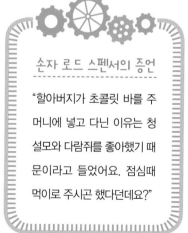

손자 로드 스펜서의 증언

"할아버지가 초콜릿 바를 주머니에 넣고 다닌 이유는 청설모와 다람쥐를 좋아했기 때문이라고 들었어요. 점심때 먹이로 주시곤 했다던데요?"

초콜릿을 녹인 범인

실험실에 도착한 스펜서는 2분도 채 안 돼 상황 파악에서 문제 해결까지 마쳤다.

"자, 다시 한 번 작동시켜 보자고."

조수가 고개를 끄덕이며 기대감을 한껏 실어 스위치를 눌렀다. 윙, 하는 소음이 가볍게 울리기 시작했다. 계측기 바늘들이 춤을 추기 시작하자, 여기저기서 작은 불빛들이 반짝였다.

"느낌이 좋아! 아주 좋아!"

하지만 조수는 스펜서의 말을 듣고 있지 않았다. 그는 스펜서의 가슴팍을 뚫어져라 쳐다보고 있었다. 마치 거기서 무슨 마술이라도 벌어지고 있다는 듯이. 스펜서는 본능적으로 가슴에 손을 얹으며 이렇게 물었다.

"자네, 왜 그러나?"

손바닥에 따뜻하고, 부드러우며, 끈적끈적한 뭔가가 만져졌다.

"빌어먹을! 이게 뭐지……?"

셔츠 주머니에서 연필과 계산자를 꺼냈다. 둘 다 끈적끈적한 밤색 물질로 뒤범벅되어 있었다. 설마 초콜릿 바가? 딩동댕! 초콜릿은 형체를 알아보기 힘들 정도로 녹아내린 상태였다.

"저희 어머께서 초콜릿은 절대 주머니에 넣어 가지고 다니면 안 된다고 늘 말씀하셨는데……. 왜 그런지 이제야 알겠네요."

조수가 말했다.

"무슨 소리! 방금 넣었는데. 그리고 지금은 10월이야. 이런 초가을 날씨에 녹아 버렸을 리가. 제기랄, 내 아까운 초콜릿!"

실험실 여기저기에 흩어져 있던 부하 직원들이 서로 눈짓을 주고받았다. 모두 어떻게 해야 좋을지 몰랐다. 스펜서는 똑똑하고 실력 있는 상관이었지만 아주 가끔씩 불같이 화를 냈다. 그럴 때는 모두들 분노의 폭풍이 지나가길 조용히 기다려야만 했다. 누군가 결단력을 발휘해 마그네트론의 스위치를 눌렀다. 실험실이 쥐 죽은 듯 잠잠해졌다.

스펜서는 연필에 묻어 있는 부드러운 초콜릿을 요리조리 살펴보고 만져 보았다. 초콜릿에서 열기가 느껴졌다. 순전히 가슴팍의 온기로만 그만한 열기를 전달했을 리가 없었다. 아무래도 이상한 일이었다.

순간, 스펜서는 얼어붙은 듯 경직된 자세로 뜬금없는 소리를 했다.

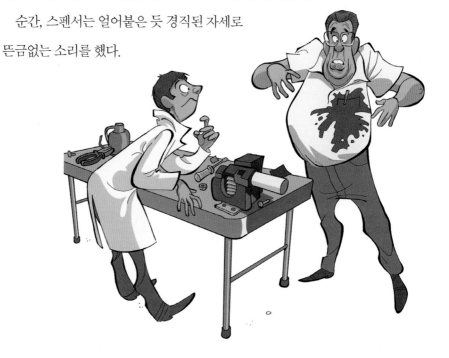

"누가 옥수수 좀 가져와 보게."

"옥수수요?"

"그래, 옥수수가 적당하겠어!"

조수가 실험실을 휘둘러보며 더듬더듬 말했다.

"우리 실험실에 옥수수가 있을 리가……."

당연히 옥수수가 있을 리 없었다. 이곳은 채소 가게가 아니라 레이더 장비 실험실이니까.

스펜서가 눈을 감고 한숨을 푹 쉬었다.

"밖으로 나가서 옥수수를 가져오라고!"

조수는 금방 고개를 끄덕이고 밖으로 달려 나갔다.

스펜서가 남아 있는 사람들에게 말했다.

"주의 사항이 있다. 앞으로 누구든 가리개 없이 마그네트론 실험을 하지 말 것! 알았나? 자, 급한 대로 금속판을 가져다 마그네트론 주위에 세우자고! 임시 가리개를 설치하는 거다."

조수가 옥수수 두 자루를 가지고 돌아왔을 때, 마그네트론은 금속판에 에워싸여 있었다.

스펜서는 옥수수 알갱이를 떼어 내 마그네트론 앞에 늘어놓았다.

마그네트론과 함께 홍차 한 잔?!

마그네트론은 존 랜달과 헨리 부트가 발명했으며, 제2차 세계 대전 중에 발명된 최고의 발명품 중 하나로 손꼽힌다. 전시에 임무를 수행하던 많은 병사들은 마그네트론이 작동하면 찻물이 데워진다는 사실을 알고 있었다고 한다. 하지만 이 현상에 대해 '왜?'라는 질문을 던진 건 퍼시 스펜서가 처음이었다.

"전원!"

조수가 스위치를 눌렀다. 바늘들이 춤을 추자 다시 불빛이 반짝였다. 순간, 가리개 너머로 팍팍! 하고 팝콘이 튀겨지는 소리가 났다.

"이제 전원을 꺼!"

가리개를 치우자, 옥수수 알갱이가 하얀 꽃송이처럼 부풀어 올라 있었다. 스펜서가 그중 하나를 집어 입 안에 넣었다. 그는 곧 얼굴 가득 웃음을 띠었다.

"마이크로파가 옥수수를 가열한 거야! 우리는 왜 이걸 여태 몰랐을까?"

그때 조수가 출입문 옆에 걸린 경고문을 가리켰다. 거기에는 '실험실에 음식물 반입 금지'라고 적혀 있었다. 스펜서가 고개를 저으며 말했다.

"필요 없는 경고문은 떼어 버리고 옥수수를 더 구해 오자고. 오늘은 다 같이 팝콘을 먹는 날이야!

레이더에서 우주 발전소까지,
비장의 무기가 된 마이크로파

전쟁 무기가 부엌을 점령하다

전쟁 무기가 조리 기구가 될 줄 누가 상상이나 했을까?

퍼시 스펜서는 마그네트론이 작동할 때 나오는 마이크로파가 초콜릿과 팝콘을 가열했다는 데 착안해 주방 조리 기구 개발에 착수했다. 회사에서는 이 재미있는 아이디어에 특별 급여로 2달러를 지급했다. 특허비가 그 정도라니, 너무 적은 거 아니냐고? 하지만 그때로선 별수없었다. 레이시온사에서는 직원이 일을 하다 상품을 개발해 특허를 낼 경우, 특허 비용으로 2달러를 지급하도록 사규로

퍼시 스펜서(Percy Spencer, 1894~1970)

미국의 전기 공학자. 12세부터 공장 노동자로 일하다 16세에 독학으로 터득한 전기 설비 기술을 인정받아 전기 기술자가 되었다. 타이타닉호 침몰 당시, 생존자를 구출하는 데 큰 역할을 한 무선 전신 기술에 매료되었다. 그 후 학력을 위조해 해군 무전병과에 지원한 뒤, 그곳에서 과학 공부에 매진했다. 25세에 레이시온사에 취직해 전자레인지를 개발했으며, 300여 개의 특허를 취득했다.

정해 놓고 있었으니까.

　마침내 1947년에 레이시온사는 세계 최초의 전자레인지를 출시했다. 이름하여 '레이더레인지'! 전자레인지의 효시가 된 레이더레인지는 높이 180cm에 무게가 340kg이나 나갔다.

　가격은 오늘날의 화폐 가치로 200~300만 원이 훌쩍 넘었다. 그래서 호화 선박이나 레스토랑 주방장에서만 사용되었다. 전자레인지가 가정집의 부엌에 들어온 것은 1950년대! 그로부터 반세기가 흐른 지금, 전자레인지는 주방의 필수품이 되었다.

전자레인지 속 셰프, 마이크로파

　전자레인지는 영어로 '마이크로웨이브 오븐(Microwave Oven)'이다. 마이크로파라는 전자기파로 음식물을 데우기 때문이다. 전자레인지에 쓰이는 마이크로파는 파장이 1mm에서 1m에 이르는 전자기파다. 마이크로파가 요리를 하는 방식을 살펴보자.

① **마이크로파, 물 분자를 뒤흔든다 :** 대부분의 식재료는 70~80% 이상이 수분을 머금고 있다. 전자레인지의 원리는 바로 그 물방울들과 깊은 관계를 맺고 있다. 조리 시작 버튼을 누르면 마그네트론에서 마이크로파가 발생하고, 마이크로파를 흡수한 물 분자들은 빠르게 회전한다. 그러면 물 분자들끼리 충돌하면서 열 에너지가 발생한다. 물방울들의 운동 에너지가 열 에너지로 바뀌어 음식물이 가열되는 것이다.

② **금속, 마이크로파를 튕겨 내다** : 우리 몸의 70%도 수분이라던데, 전자레인지가 가동 중일 때 옆에 서 있어도 되는 걸까? 마이크로파는 종이·사기·유리·플라스틱 등은 투과하지만 금속에는 반사된다. (레이더의 마이크로파가 금속 무기들의 위치를 추적하는 데 사용된다는 것을 기억하자!)

그래서 전자레인지의 전면에 설치된 유리문에는 구멍이 촘촘한 금속망이 부착되어 있다. 이 구멍은 마이크로파의 파장보다는 작고 가시광선의 파장보다는 크다. 그 때문에 마이크로파가 거의 밖으로 새어 나오지 않는다.

! 전자레인지에 회전 받침을 사용하는 이유는 뭘까? 마이크로파는 직진하기 때문에 음식이 정지해 있을 경우 일정한 부분만 가열되기 때문이다. 그래서 골고루 음식물을 데우기 위해 도입된 것이 회전 받침이라는 사실도 이 기회에 알아 두자!

이슈 추적! #마이크로웨이브 챌린지 ☆

2019년에 창작 뮤직 비디오 플랫폼 '틱톡'에서는 전자레인지 춤이 대세로 떠올랐다. 틱톡 유저들은 마치 전자레인지 회전 받침 위에 올라앉은 것처럼 정지된 포즈로 제자리에서 부드럽게 회전하는 모습을 보여 준다.

이름하여 '마이크로웨이브 챌린지'! 외신에서는 이 춤을 케이팝의 기수 방탄소년단 멤버들(정국, 제이홉)이 2017년에 가장 처음 선보인 것으로 보도했지만, 일부 네티즌들은 이미 2016년에 엑소의 뮤직 비디오에 먼저 등장해 당시에는 오르골 춤으로 불렸다는 사실을 일깨웠다.

마이크로파, 우주 발전소의 꿈을 이뤄 줄까?

지구에 설치된 태양광 시설은 날씨나 계절에 따라 태양빛을 받는 정도가 큰 폭으로 차이가 난다고 한다. 만약 아예 우주 공간에서 태양광 발전을 해 지구로 쏘아 보내 주면 어떨까?

SF의 거장 아이작 아시모프는 1941년에 발표한 단편 소설 〈큐티, 생각하는 로봇〉에서 태양 에너지를 지구로 전송하는 우주 기지를 그린 바 있다. 지금 전 세계 항공 우주 공학자들은 이 기발한 상상력을 현실로 만들기 위해 연구 중인데, 여기에 사용되는 것이 바로 마이크로파다. 대형 마그네트론을 써서 마이크로파를 송출해 지상의 안테나가 수신하도록 설계하고 있는 것이다.

또, 미국 항공 우주국은 1975년부터 우주 태양광 발전에 대한 연구에 착수했고, 일본은 곧 태양광 발전 시험 위성을 발사할 예정이며, 한국도 2019년부터 태양광 발전에 뛰어들기로 했다. 한국의 첫 우주 발전소는 여의도 면적 4배 규모가 될 것이라고 한다.

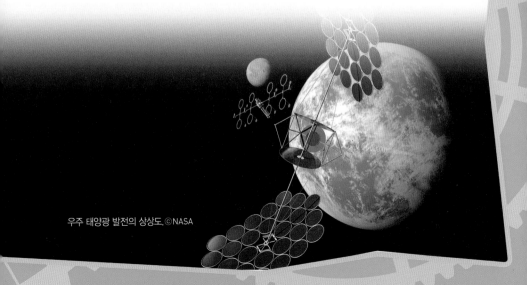

우주 태양광 발전의 상상도. ©NASA

비디오 게임이 해롭다고요?

옛날에 로큰롤도 그런 소릴 들었죠.

— **미야모토 시게루**(일본 닌텐도 대표 이사·〈슈퍼 마리오〉 개발자)

비디오 게임,

e스포츠의 기원

1966, 미국 뉴햄프셔주

VIDEO GAME

20세기 초반에 발명된 텔레비전은 1950년대에 이르러 큰 인기를

끌었다. 그 무렵 미국에서는 두 집에 한 집꼴로 텔레비전을 보유

하고 있었다. 앞으로 텔레비전이 중산층의 필수품이 되리라는 건

의심할 여지가 없었다. 하지만 아직 방송 서비스는 텔레비전 수요

를 따라잡을 만큼 다채롭지 못했다. 심지어 인구 밀집도가 낮은

지역에서는 채널이 딱 하나만 나오기도 했다. 이때만 해도 사람들

은 텔레비전으로 방송 시청 외에 다른 일을 하는 건 상상도 하지

못했다. 그런데 딱 한 사람! 랠프 배어는 텔레비전을 좀 더 기발한

용도로 사용할 수 없을지 고민하기 시작했는데…….

텔레비전의 새로운 용도를 찾아서

랠프 배어는 텔레비전을 볼 때마다 기묘한 생각에 빠져들곤 했다.

'내가 고작 뉴스나 쇼를 보려고 텔레비전을 샀다니! 저런 건 라디오에서도 잔뜩 하는데……. 뭔가 더 의미 있는 용도로 사용할 수 없을까?'

사실 그가 사는 지역에서는 방송 채널이 하나밖에 없었다.

그러던 어느 날, 회사에 출근을 하려고 버스 정류장에서 버스를 기다리고 있을 때였다. 불현듯 오묘한 아이디어가 그의 머리를 강타했다.

'텔레비전으로 게임을 하면 어떨까? 텔레비전을 거실 속의 작은 운동 경기장으로 둔갑시키는 거지!'

그는 사무실로 들어서자마자 이 아이디어를 기획서로 만들어 제출했다. 하지만 회사에서는 그저 냉담한 반응만 보일 뿐이었다.

"거참, 신선하긴 한데……. 누가 굳이 텔레비전으로 탁구나 체스를 하겠어요? 그리고 배어 씨……, 우리 회사의 정체성을 잊은 건 아니죠? 우리가 왜 장난감을 개발해야 하지요?"

사실 하나같이 옳은 말이었다. 텔레비전으로 '전자 게임'을 하고 싶어 하는 사람이 몇이나 될까? 더구나 배어의 직장인 샌더스사는 무기를 제조하는 군수 업체였다! 무기가 아닌 게임을 개발해야 할 이유가 전혀 없었다.

하지만 한번 떠오른 생각은 사그라질 줄을 몰랐다. 배어는 텔레비전의 새로운 용도를 찾는 일에 투자를 해 볼 가치가 있다고 믿었다. 그래서 이 아이디어에 집요하게 파고들어 끝내 상사를 설득했다. 회사에서는 그에게 팀원을 두 명 붙여 주고, 적으나마 연구비도 지원해 주었다. 막상 연구가 시작되자 상부에서는 어서 빨리 결과물을 내놓으라고 독촉이 쏟아졌다.

옛날 텔레비전은 왜 뚱뚱했을까?

요즘 거실 벽에 커다란 액자처럼 걸려 있는 평면 텔레비전과 달리, 초창기 텔레비전은 화면 크기가 훨씬 작고 앞뒤로는 뚱뚱했다. 텔레비전이 이렇게 뚱뚱할 수밖에 없었던 이유는 음극선관이라는 장치 때문이었다. 음극선관은 1897년에 독일의 과학자 페르디난트 브라운이 만들어서 브라운관이라고도 불렸는데, 전자 빔을 발생시키는 유리 진공관을 일컬었다.

하얀 점 세 개로 하는 탁구 경기

그러던 어느 날⋯⋯. 배어가 연구실의 좁은 문을 밀고 들어서자, 팀원 빌 러시가 다급히 외쳤다.

"팀장님, 성공했습니다! 점 세 개를 만들었습니다!"

배어는 러시가 가리키는 뚱뚱한 텔레비전 화면 앞으로 다가섰다. 텔레비전의 까만 화면 한가운데를 흰색 세로선이 가로지르고 있었다. 이 중앙선 양편에는 네모난 흰색 점 두 개가 가만히 정지해 있었다. 그리고 두 점 사이를 왔다 갔다 하며 중앙선을 넘나드는 작은 점이 있었다.

"속도는 이 정도로 충분할까요?"

또 다른 팀원인 빌 해리슨이 물었다.

"작은 점은 저만하면 적당해 보이는데, 큰 점들의 움직임은 점검을 해 봐야겠지?"

텔레비전에 연결된 게임기는 구두 상자만 한 본체와 거기에 딸린 한 쌍의 작은 상자로 구성되어 있었다. 이 작은 상자들이 바로 조종 장치였다. 조종 장치에는 다이얼이 두 개씩 달려 있었다.

"어디 보자⋯⋯."

배어가 한쪽 조종 장치를 들고 다이얼을 돌리자 화면 속의 점이 움직였다. 세로선 우측에 정지해 있던 점이 위아래로! 또 다른 다이얼을 돌리자 이번에는 점이 좌우로 움직였다. 이번에는 다이얼 두 개를 동시에 돌려 좀 더 복잡한 움직임을 만들어 보았다.

"딱 좋군. 속도도 괜찮고 움직임도 매끄러워. 우아, 우리가 해냈어!"

배어가 벌떡 일어서며 외쳤다.

"그럼 이제는……?"

해리슨이 물었다.

배어가 콧등 위로 안경을 추켜올리더니, 작은 방 안을 이리저리 서성댔다. 그 모습은 이제 막 서커스 무대에 올라설 준비를 마친 호랑이 같았다! 어서 빨리 좁아터진 우리 문이 활짝 열리기를 기다리는…….

"우리의 성과를 공표해야지. 그 쥐꼬리만 한 연구비를 제대로 썼다는 걸 보여 주자고."

목소리 한 마디 한 마디에 자신감과 기대감이 가득 실려 있었다.

"저……, 아직은 누구 앞에 내놓기가 좀 부끄럽지 않을까요?"

러시가 본체와 조종 장치를 가리켰다. 그러고 보니 시험 삼아 만든 세 개의 상자에 도면을 그릴 때의 마커 펜 자국과 지저분한 낙서가 그대로 남아 있었다.

배어가 턱을 긁적였다.

"좀 꾀죄죄하긴 하군. 좋아, 변신을 시켜 보도록 하지. 디자인은 자네들이 맡게. 난 당장 발표 준비를 할 테니까."

일단 해 보면 생각이 달라질걸?

발표일이 성큼 다가왔다. 배어와 러시, 해리슨은 프레젠테이션 준비에 여념이 없었다.

작은 방 앞쪽의 탁자 위에는 텔레비전과 게임기가 놓여 있었다. 게임기 본체와 조종 장치는 나뭇결무늬 시트지를 붙여 새 단장을 마친 상태였다. 청중을 위한 의자들은 벽을 따라 빙 둘러 배치했다. 그중 의자 두 개를 텔레비전 앞으로 끌어당겨 특별석을 마련했다.

예정된 시각에 맞춰 회사 고위직 인사들이 하나둘 나타났다. 하나같이 귀찮다는 듯한 표정이었다. 러시와 해리슨은 얼굴이 해쓱하게 굳었다.

좁은 방이 사람들로 꽉 들어차자 배어가 발표를 하기 시작했다.

"오늘 우리는 색다른 경험을 하기 위해 이 자리에 모였습니다. 이제껏 지구상의 그 누구도 텔레비전을 게임 도구로 사용한 적은 없습니다. 그런데 우리 샌더스에서 해냈습니다."

그때였다.

"랠프 배어 씨, 우리 회사는 군부대에 납품할 전자 장비를 생산하고 있지. 이 회사에서 10년 넘게 일한 자네가 그걸 모를 리 없을 테고. 그런데 우리가 왜 지금 '게임' 같은 한가한 오락거리 때문에 이렇게 한자리에 모여 있어야 하는지 도무지 이해할 수가 없군."

나이가 지긋한 전무가 못마땅한 투로 말했다. 그는 '게임'이라는 단어를 말할 때 유독 경멸스럽다는 듯한 표정을 지었다.

"전무님, 어렵게 시간을 내 주신 김에 배어 씨의 설명을 조금 더 들어 보면 어떨지요?"

배어의 직속 상사였다.

배어가 가벼운 목례로 화답하고서 다시 입을 열었다.

"지금까지 텔레비전은 방송국에서 쏘는 신호를 받아서 재현하는 수신 장치에 불과했습니다. 하지만 저는 텔레비전의 쓰임새가 더 다양해질 수 있다고 보았습니다."

"게임을 할 수 있다, 이거지요?"

누군가 질문을 던졌다.

"네, 그리고 게임은 상호 작용으로 이루어지지요."

그때 또 다른 누군가가 질문을 했다.

"예를 들면 군사 훈련에 사용할 수 있다는 건가?"

배어는 목소리가 난 쪽으로 고개를 돌렸다. 은발의 곱슬머리가 트레이드 마크인 상무였다.

"군사 훈련이라……, 어쩌면 그것도 가능할 수 있겠군요. 하지만 저희 팀은 일단 탁구 경기로 첫발을 떼 보았습니다. 직접 해 보시면 이해하기가 훨씬 더 쉽습니다. 상무님, 앞으로 잠깐 나와 주시겠습니까?"

배어가 상무를 앞쪽으로 불러내 특별석에 앉힌 뒤, 게임기의 조종 장치를 그에게 건넸다. 그러고는 남아 있는 조종 장치를 머리 위로 들어 올렸다.

"자……, 또 자원하실 분 계십니까?"

손을 드는 사람이 아무도 없었다.

"좋습니다. 그러면 제가 상무님과 전자 탁구를 시연해 보도록 하지요."

그러고는 조종 장치의 다이얼 조작법을 최대한 간단히 설명했다.

"처음이니까 제가 먼저 서비스를 하겠습니다. 준비되셨나요?"

상무가 미처 대답을 하기도 전에 배어의 점이 작은 점을 튕겨 서브를 날렸다. 그러자 작은 점이 중앙의 센터 라인을 넘어 상대편 코트 밖으로 홀연히 사라졌다. 그 순간, 배어가 소리쳤다.

"1 대 0!"

"뭐라고?!"

"화면 속의 점을 탁구 라켓이라고 상상해 보세요. 다이얼을 돌려서 라켓을 움직이시는 겁니다."

러시가 상무의 조종 장치에 달린 다이얼을 돌리며 다시 한 번 조작법을 가르쳐 주었다. 그사이, 두 번째 공이 텔레비전 화면에 나타났다.

"자, 다시 가 보겠습니다!"

배어가 두 번째 서브를 날렸다. 상무의 라켓은 여전히 주춤거릴 뿐 공을 제대로 받아치지 못했다.

"2 대 0!"

"다시 하세! 이제 완벽하게 이해했으니까!"

상무가 약이 바짝 올라 외쳤다.

"상무님이 서브하실 차례입니다. 조종 장치를 누르세요!"

해리슨이 부추겼다.

세 번째 공이 나타나자, 상무의 라켓이 서브를 날렸다! 배어는 이사가 날린 공을 향해 달려가다가…… 일부러 살짝 피했다.

"좋았어!"

상무가 의기양양한 얼굴로 청중석을 돌아보았다. 박수를 받고 싶은 표정이었다. 청중은 의외의 전개에 웅성거렸다. 이어서 상무가 네 번째 공을 날렸다. 배어가 공을 받아쳤다! 다시 상무가 강서브를 날렸다. 배어는 미끄러지듯 아슬아슬하게 공을 피했다.

"어이쿠!"

"2 대 2, 동점! 배어 씨, 방심은 금물이야. 진짜 경기는 이제부터라고!"

다이얼을 돌릴 뿐인데, 게임을 하는 두 사람의 뒷모습은 진짜 탁구 경기를 하는 듯 치열했다. 온몸을 들썩이며 혼신을 다해 게임을 이어 갔다. 어느덧 상무의 솜씨가 능수능란해졌다.

처음에는 관망만 하던 사람들이 곳곳에서 항의를 쏟아냈다.

"저기, 나도 한번 해 보고 싶소!"

"나도 도전하지!"

발표를 시작한 지 30분도 안 돼, 샌더스사의 임원들은 누구라고 할 것 없이 전자 탁구 게임에 출전하고 싶어서 안달이 났다. 배어가 빙긋 웃으며 말했다.

"여러분! 우리, 이럴 게 아니라 제대로 대진표를 짜 보는 게 어떨까요?"

게임이 세상을 구원할 수 있을까?
10대 게이머를 위한 뇌 과학 이야기

최초의 게임은 텔레비전으로

"점 세 개로 하는 탁구 게임?! 그런 걸 누가 해?"

여기에는 약간의 시대 보정이 필요하다. 1970년대에 미국에서 살던 10대들에게는 휴대폰이 있기는커녕 컴퓨터도 없었다. 그런데 1972년에 텔레비전과 연결해서 쓸 수 있는 가정용 콘솔이 세계 최초로 발매되었다. 그것이 바로 랠프 배어의 게임기였다.

이 콘솔 게임기는 '마그나복스 오디세이'라는 이름으로 출시되었는데, 탁구·스키·축구·배구·하키·슈팅·유령의 집 등 총 11가지 게임이 가능했다.

그 뒤 다양한 전자 게임이 경쟁적으로 등장했다. 전 세계 남녀노소의 시간과 동전을 오락실에서

▌'마그나복스 오디세이'는 세계 최초의 콘솔 게임기였다.

탕진하게 만든 아케이드 게임, 정교한 프로그래밍과 조이 스틱의 발달로 더욱 현란해진 콘솔 게임, 저렴한 개인용 컴퓨터가 출시되면서 전성기를 구가한 PC 게임, 언제 어디서든 인터넷에 접속하기만 하면 얼굴도 모르는 동료 게이머와 뜻을 합쳐 '지구 영웅' 놀이를 할 수 있는 온라인 게임, 현실과 가상 세계가 오버랩되어 있는 AR(증강 현실) 게임…….

아마도 전자 게임은 지난 50여 년간 나온 모든 발명품 중에 가장 복잡하게 진화해 왔을 것이다. 재미있는 사실은 여러분의 선생님과 부모님이 인류 최초로 전자 게임의 수혜를 입은 게임 세대였다는 것이다.

도파민의 신비한 과학 ⭐

게임을 하면 왜 즐거울까? 과학자들이 뇌를 관찰한 결과, 게임을 하면 도파민이 왕성하게 분비된다는 사실을 알아냈다. 도파민은 우리가 생존에 도움이 되는 활동을 하거나 새로운 것을 습득하는 모험을 할 때 뇌에서 분비되는 신경 물질이다. 도파민 수치가 높을 때 사람들은 놀라운 집중력과 목표 의식을 발휘하고, 성취감·안정감·희망 같은 행복한 기분에 이른다.

만약 도파민이 충분히 분비되지 않으면 어떻게 될까? 우울한 감정의 나락에 빠지기 쉽다! 그렇기 때문에 어떤 사람들은 지루한 일상을 탈피하기 위해 아찔한 익스트림 스포츠나 놀이 기구, 호러 게임에 빠지기도 한다. 게임은 그런 일탈 행위의 대표적인 예 중 하나다.

만약 여러분이 깊은 우울과 무력감에 잠겨 있다면, 뇌가 "도파민이 필요해!"라고 보내는 신호인지도 모른다. 뭔가 새로운 자극과 흥미진진한 모험이 시급하다는 뜻이다. 인간의 뇌는 10대 시절에 가장 많은 도파민을 분비하도록 설계되어 있다. 10대야말로 무한 도전에 걸맞은 뇌를 지녔다는 뜻이다.

문제는 어떤 특정한 행동을 함으로써 도파민이 분비되는 과정이 반복되면, 뇌 속에 '습관'이라는 길이 생긴다는 것이다. 어떤 습관은 너무 강력해서 벗어날 수 없는 중독 상태를 조장한다. 그렇기 때문에 도파민에는 이중적인 별명이 붙었다. '행복 호르몬'이자 '신이 만든 마약'이라고…….

만약 자기 자신을 적절히 통제할 수 있다면 여러분은 건강한 게이머일 것이다. 하지만 게임을 하지 않을 때에도 게임할 시간만 기다려져 다른 일이 손에 잡히지 않는다면? 게임이 지긋지긋해졌는데도 무의식적으로 게임을 하고 나서 그 시간이 아깝다고 후회한다면? 이미 여러분은 도파민의 노예가 되어 버린 상태일지도 모르겠다.

게임보다 재미없을 게 뻔한 과학책에 푹 빠져, 지금 이 책장을 읽고 있는 사람이라면? 여러분의 뇌는 게임뿐만 아니라 더 다양한 모험에 자신을 내던질 준비가 되어 있다고 자신해도 좋으리라!

VR 게임으로 통증을 치료한다고? ⭐

게임이 온갖 스트레스를 무찌르는 만병통치약이라는 데는 많은 친구들이 공감할 것이다. 놀라운 것은 이런 느낌이 단순히 심리적인 게 아니라 의학적으로 증명된 사실이라는 데 있다.

2018년에 미국 조지워싱턴 대학 응급 의학과의 알리 퍼먼드 박사는 만성 통증을 앓던 환자에게 VR(가상 현실) 게임을 하게 함으로써 통증을 완화시켰다는 연구 결과를 발표했다. 이 연구는 게임에서 쏟아지는 다양한 감각 정보가 우리의 주의를 흩뜨려 통증 자체를 잊게 만드는 효과가 있다는 것을 증명한다.

미국 로스앤젤레스 어린이 병원에서도 VR 게임을 하는 환자의 뇌를 자기 공명 영상 장치로 관찰했는데, 통증을 느끼는 뇌의 영역에서 진통제를 사용했을 때처럼 뇌 활동이 일부 줄어들었다고 한다. 언젠가는 게임의 슈퍼 파워를 이용해 환자를 치료하는 '게임 치료 전문가'가 등장할지도 모를 일이다!

여러분이 게임을 진정으로 사랑한다면, 의료와 교육, 사회 운동 분야에 게임의 힘을 적용하려고 분투 중인 과학자들의 연구를 더 찾아보기를 바란다. 아마도 여러분은 그들의 계보를 잇는 신세대 과학자가 될 수 있을지도 모른다. 그때가 된다면 게임을 통해 수없이 연습했던 지구 영웅의 꿈을 실제로 실현시킬 수 있을 것이다.

랠프 배어(Ralph Baer, 1922~2014)

독일 출신의 미국 기술자. 독일에 살던 당시 유대인이라는 이유로 학교에서 입학을 거부당했고, 나치의 학살이 벌어지기 직전에 미국으로 이주했다. 미군에서 익힌 지식과 제대 후 도서관에서 접한 전기 공학 지식을 바탕으로 엔지니어의 길에 접어들어 군수 업체인 샌더스사에 취직했다. 1966년에 세계 최초의 가정용 비디오 게임 콘솔을 발명했다.

팀 버너스 리 vs. 스파이더맨,

당신은 누구의 거미줄이 더 질기다고 생각하나요?

— 미국 최대 온라인 커뮤니티 '레딧'의 유저

월드 와이드 웹,

누구에게나 정보는

열려 있어

1990, 스위스 제네바주

WORLD WIDE WEB

제2차 세계 대전이 끝난 뒤, 전쟁에서 이긴 연합국의 투톱 미국과 소련이 과학 기술 경쟁에 나섰다. 누가 더 미사일을 잘 만드나? 누가 먼저 우주로 인공위성을 쏘아 올리나? 사실 숨겨진 속내는 이런 거였다. 누가 더 핵무기를 잘 만들고 핵 전쟁에 철저히 대처하고 있는가? 미국은 소련의 핵 공격이 벌어질 경우, 통신 기능이 마비되는 일에 대비해 1969년에 원거리 컴퓨터 네트워크 기술을 마련했다. 그것이 바로 인터넷의 시초였다. 이렇게 군사 무기로 개발된 인터넷이 우리 품에 오기까지는 아직 몇 발자국이 더 남아 있었다.

정보를 찾기가 너무 어려워, 혼돈의 바벨탑

이곳은 유럽 입자 물리 연구소(CERN)의 한 연구실. 넓은 방에는 책상 50여 개가 빽빽히 들어차 있었는데, 컴퓨터 수는 책상 수의 두 배가량 되어 보였다. 그 때문에 덩치 큰 CRT 모니터들은 각종 서류와 계산기, 선인장 화분 등 잡다한 사물들과 함께 책상 위를 빼곡하게 뒤덮고 있었다. (오늘날 흔히 쓰는 LCD 화면이 등장하기 전에는, 컴퓨터 역시 브라운관 텔레비전처럼 뚱뚱한 상자 모양의 CRT 모니터를 사용했다.)

밤이 깊도록 방에 남아 있는 사람은 이 연구소의 프로그래머인 영국 출신 팀 버너스 리와 벨기에 출신 로베르 카이오. 연구소 규정에 따라 출신 국가가 서로 다른 사람끼리 한 팀을 이루고 있었다.

"악! 또 시작이야! 또, 또, 또!"

유럽 입자 물리 연구소는 어떤 곳?

스위스와 프랑스 국경 지대에 있는 이 연구소에서는 3천여 명의 과학자들이 모여서 우주를 구성하는 궁극의 물질이 무엇인지 연구하고 있다. '우주는 대폭발을 시작으로 탄생하고 팽창했다'는 빅뱅 이론을 바탕으로 다양한 실험을 계속하고 있다. 2012년에는 '신의 입자'라 불리는 힉스 입자를 발견해, 힉스 입자의 존재를 일찍이 예견했던 영국의 피터 힉스와 벨기에의 프랑수아 앙글레르가 이듬해에 노벨 물리학상을 수상하기도 했다. 어쩐지 넘볼 수 없는 권위가 느껴지지만, 음식과 음악, 동호회 활동이 지원되는 자유롭고 파격적인 문화로 더욱 유명하다.

별안간 팀 버너스 리의 입에서 고함 소리가 튀어나왔다.

"깜짝이야! 왜 그러는데?"

로베르가 팀을 돌아보았다.

"우리가 아침에 얘기한 데이터에 접근하려면 어떤 프로그램이 필요한지 알아? 보스턴 대학교의 도브슨 자료 말이야."

로베르는 한 손으로 코끝을 꼬집으며 기억을 쥐어짰다.

"그 프로그램은……, 그러니까…… 데이터 플렉스!"

그러자 팀은 고마워하기는커녕 또다시 얼굴을 잔뜩 지푸렸다.

"맞아. 윽, 이놈의 데이터 플렉스! 난 데이터 플렉스 사용법을 모른다고!"

"이리 나와 봐. 내가 해 줄게."

로베르는 팀의 의자를 옆으로 밀어내고 책상 앞에 선 채 자판을 두드리기 시작했다. 손놀림이 어찌나 빠른지 날아다니는 것 같았다.

"친구, 선물이야. 도브슨 자료, 여기 다 있어."

"고마워. 그런데 언제까지나 이렇게 살 순 없어. 새로운 논문에 접근할 때마다 낯선 프로그램이 발목을 잡다니."

몇 년 전부터 전 세계 대학의 컴퓨터는 인터넷으로 서로 연결되었다. 이론적으로는 누구나 필요한 정보에 접근할 수 있다는 얘기였다. 하지만 실제로는 각 컴퓨터

물리학을 전공한 웹 발명가

팀 버너스 리는 옥스퍼드 대학교에서 물리학을 전공했다. 당시의 취미 생활은 5파운드를 주고 산 중고 텔레비전을 분해해서 컴퓨터를 만드는 것이었다고.

의 사용 환경이 너무나 달랐다. 컴퓨터 사용자들은 저마다 익숙한 프로그램이나 방식으로 자료를 관리하고 있었다. 그건 마치 혼돈의 바벨탑과도 같았다. 그래서 정보를 공유하는 일은 매우 복잡하고 불편할뿐더러, 때로는 아예 불가능하기까지 했다.

"별수 없잖아. 독일 여행을 하려면 독일어 인사말쯤은 할 줄 알아야 해. 프랑스 여행도 마찬가지고. 도브슨의 컴퓨터로 들어가려면 데이터 플렉스를 사용해야지."

"독일에 가든 프랑스에 가든 영어를 사용하면 돼."

팀의 반박에 로베르가 웃음을 터뜨렸다.

"흠, 누가 영국인 아니랄까 봐. 영국 사람들은 외국어 공부에 어쩜 그렇게 인색한지 모르겠어. 결국 다른 나라 사람들이 영어에 적응을 했지."

"디지털 데이터가 오갈 때도 그런 게 필요하다고. 국제 공용어 같은 거 말이야."

"계속해 봐. 더 말해 보라고."

어느새 로베르의 얼굴에서 웃음기가 가시고 있었다.

"만약 모든 데이터가 디지털 공용어로 작성된다면? 내가 데이터 주소를 입력하고 엔터를 누르는 즉시 모니터에 정보가 뜨겠지."

어느새 팀의 머릿속은 전 세계인이 이용 가능한 데이터 공유 체계라는 어마어마한 프로젝트를 향해 달려가고 있었다.

사용자가 자료를 요청하면 자료를 저장하고 있는 거대한 서버 컴퓨터가 해당 자료를 사용자의 화면에 띄워 준다. 단, 모든 자료는 디지털 공용어로 작성되어야 하며, 항상 같은 프로그램을 사용해서 불러올 수 있어야 한다. 프로그램은 누구나 직관적으로 사용할 수 있을 정도로 쉬워야 하고, 문자·영상·음성 등 어떠한 유형의 정보라도 자유자재로 다룰 수 있어야 한다.

전 세계로 뻗어 나가는 그물망

팀은 새로운 정보 관리 시스템을 구축하기 위한 제안서를 작성해 연구소에 제출했다. 상사는 그 제안서에 "명확하진 않지만 멋짐."이라고 휘갈겨 쓰고는 프로젝트를 지원해 주었다.

프로젝트를 마무리해 가던 어느 날, 로베르가 팀에게 물었다.

"이 놀라운 발명품을 뭐라고 부를 거야, 팀?"

"'월드 와이드 웹(World Wide Web)', 전 세계로 뻗어 나가는 그물망이라는 뜻이야."

"우아, 괜찮은데?"

로베르가 한순간 목소리를 낮추더니 심각한 표정으로 물었다.

"자네, 이걸로 특허를 내면 아주 많은 돈을 벌게 될 거야. 알지?"

그런데 팀은 고개를 절레절레 저었다.

"음……, 나는 월드 와이드 웹에서는 누구나 정보를 마음껏 이용할 수 있으면 좋겠어. 당장 우리 과학계만 해도 자료를 찾는 시간이 놀라울 만큼 단축될걸? 무료로 배포하면 더 빨리 확산되어서 정착하기가 쉽잖아. 그럴수록 더 많은 자료가 월드 와이드 웹으로 모여들 거야."

"그건 그렇군."

로베르가 눈을 휘둥그렇게 뜨더니 고개를 천천히 끄덕였다.

"월드 와이드 웹은 세상 속으로 여행을 떠날 거야. 가능한 한 많은 사람들이 이 여행에 동참해 주길 바라자고."

1991년에 사상 최초의 웹 사이트가

만들어져 공개되었다. 월드 와이드 웹의 작동 방식과 사용법을 설명하는 사이트였다.

팀 버너스 리는 이 사이트를 통해 '월드 와이드 웹은 전 세계 누구나 무료로 사용할 수 있는 시스템이니, 각자 가진 정보를 마음껏 알리고 공유해 달라.'고 권했다. (이 사이트는 지금도 볼 수 있으며, 주소는 다음과 같다. http://info.cern. ch/hypertext/www/TheProject.html)

WWW의 이름 후보

'월드 와이드 웹' 말고도 이름 후보가 있었을까? 그렇다. 바로 '정보 광산(The Information Mine)'과 '정보 그물망(The Information Mesh)'이다. 하지만 이 이름들은 우연히도 약어가 TIM이어서 팀의 이름을 연상시킨다는 이유로 제외되었다고 한다.

믿기 어려울 정도로 완벽한, 그야말로 세계적인 성공이었다. 새로운 웹 페이지들이 봄날 여기저기서 꽃 봉우리가 터지듯 매일 수백 개, 아니 수천 개씩 생겨나기 시작했다.

월드 와이드 웹은 디지털 세계의 언어 장벽을 무너뜨리고 학문 연구에 활기를 불어넣었을 뿐만 아니라, 전 세계 누구에게나 어떤 정보든 보급할 수 있는 첨단의 도구가 되었다. 그것은 세상을 영원히 변화시킬, 컴퓨터 공학이 일으킨 지각 변동이었다.

팀 버너스 리의 속 깊은 제안,
이제 지구를 하드캐리할 슈퍼 히어로는 누구?

공유 정신의 상징, 월드 와이드 웹 ☆

제임스 본드, J. K. 롤링, 퀸, 미스터 빈, 그리고 팀 버너스 리……. 이 쟁쟁한 유명 인사를 한자리에 불러 모은 초특급 행사가 있다. 바로 2012년 런던 올림픽 개막식이다. 우리의 주인공 팀 버너스 리가 등장하는 장면은 어땠을까?

복장도 춤도 따로, 가지각색 끼가 넘치는 수백 명의 댄서들이 올림픽 경기장 무대 한쪽에 서 있는 외딴 집으로 몰려간다. 댄서들은 그 집의 현관문으로 들어가서 뒷문과 옆문으로 빠져나가며 끝없이 행진한다. 저마다 다른 개성을 지닌 수많은 사람들이 그 집을 연결고리로 해서 하나로 이어지듯!

곧이어 무대의 조명이 어두워지고 집채가 서서히 공중에 떠오른다. 그 안쪽 텅 빈 방에서 구식 컴퓨터의 자판을 두드리고 있는 남성이 바로 팀 버너스 리! 그가 타이핑을 멈추고 마우스를 클릭하는 순간……, 관중석에 설치된 수많은 LED 패널에 도미노처럼 불이 켜지며 하나의 문장을 수놓는다.

"This is for everyone.(우리 모두를 위하여.)"

올림픽 정신과도 딱 맞지만, 월드 와이드 웹의 공유 정신과도 잘 어울리는 말

2012년 런던 올림픽 개막식에 등장한 팀 버너스 리는 불이 꺼진 관중석에 "우리 모두를 위하여."라는 메시지를 띄웠다. 그리고 관중들로부터 열렬한 환호를 받았다.

이다. (참, 월드 와이드 웹을 줄여서 '웹'이라고 부른다.)

인터넷과 웹은 어떻게 다를까? 인터넷은 세계 각지의 컴퓨터를 하나로 이어 주는 통신망이다. 즉 컴퓨터와 컴퓨터가 서로 대화를 나눌 수 있게끔 구축된 '환경'이다. 그러면 웹은? 인터넷에 접속한 상태에서 누릴 수 있는 '정보 활용 서비스'다. 그래서 정보를 찾는 사람이 헤매지 않고 빠르고 쉽게 원하는 목적지에 이를 수 있도록 도와주는 대중교통 시스템이나 도서관에 비유되곤 한다.

하이퍼텍스트, 연결된 정보의 그물망

웹이 도서관이라면, 웹 페이지는 책의 한 페이지요 웹 사이트는 한 권의 책이다. 그런데 웹 페이지는 책과 다르다. 웹 페이지에는 글자와 그림뿐 아니라 소리와 동영상이 담길 수 있다. 또 링크를 클릭하면 단숨에 다른 페이지로 순간 이동하는 놀라운 기능도 있다. 사용자는 링크를 선택해서 원하는 정보에 쭉쭉 도달하니 정보를 습득하는 속도가 무척 빨라진다!

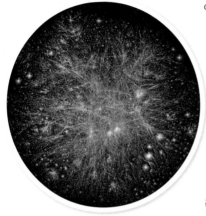

이처럼 웹 상의 정보는 한 권의 책에 담긴 정보와 달리, 무수히 많은 정보 자원이 링크를 통해 새롭게, 또 무한히 연결될 수 있다는 점이 가장 큰 특징이다. 거대한 정보의 그물망이 만들어지는 셈이다.

이러한 형태의 문서를 '하이퍼텍스트'라고 부르는데, 이 개념은 20세기 중반에 처음 등장했지만 20세기 말에 팀 버너스 리가 HTML(하이퍼텍스트 제작 언어)이라는 컴퓨터 언어를 만들면서 널리 쓰이게 되었다.

▌ 전 세계의 인터넷 연결망이 표현된 이미지.

그렇다면 HTML은 어떻게 생겼을까? 먼저 눈이 빙빙 돌아갈 것을 각오하고, 웹 페이지의 빈 공간에 오른쪽 마우스를 클릭한 뒤 메뉴창이 뜨면 '소스 보기'를 클릭해 보자. 이 가독성이 떨어지는 컴퓨터 언어를 보기 좋게 화면에 띄워 주는 소프트웨어가 바로 웹 브라우저다. 월드 와이드 웹이 바로 최초의 웹 브라우저인 셈이다.

월드 와이드 웹, 그 후 ☆

20세기 말, 세계화 시대로의 출발을 알리는 가장 상징적인 사건에 대해 어른들에게 묻는다면, 아마도 독일 베를린 장벽의 붕괴(1989)를 꼽지 않을까? 당시 독일의 젊은이들은 동과 서를 가른 장벽 위에 올라타 망치와 곡괭이로 균열을 내고 서로를 부둥켜안았다. 이 뉴스는 텔레비전과 라디오로 떠들썩하게 방영되어 전 지구인의 마음을 감동으로 물들였다.

그러나 진짜 변화는 오히려 보이지 않는 곳에서, 컴퓨터 전선을 타고 조용히 시작되었는지도 모른다. 바로 월드 와이드 웹의 탄생(1990)! 월드 와이드 웹은 불과 30년 만에 정치·경제·문화의 질서를 뒤바꾸었다.

오늘날 가장 빠른 뉴스는 텔레비전이나 라디오 속보가 아니라 웹으로 전파되고 있다. 전자 상거래는 운동화 한 켤레부터 자동차까지 해외 직구 열풍을 타고 세계 경제의 판도를 뒤흔들고 있으며, 각종 정치 집회의 불씨는 SNS를 통해 번져 간다. 그러나 한편으로는 수많은 사회 문제와 갈등을 야기하는 것이 또한 웹이다.

① **데이터 주권을 빼앗기다** : 주위를 둘러보면 범죄에 휩쓸려서든, 개인의 실수 때문이든 민감한 데이터가 유출되는 바람에 곤경에 휩싸이는 피해자들이 꽤 많다. 데이터가 웹을 타고 퍼져 나가는 속도는 무서울 정도로 빠르기 때문에 개인의 힘으로는 도저히 막을 수가 없어서 디지털 장의사라는 신종 직업이 등장했을 정도다.

한편 구글·페이스북·트위터 등의 정보 통신 기업들은 우리의 위치 정보, 클릭 동작, 검색 이력 등 웹 브라우징 활동을 야금야금 주워 모아 취향이나 삶의 패턴을 면밀히 분석하고 있다. 그리고 제3자인 광고주의 상품 광고를 우리에게 띄워 수익을 창출한다.

더 이상 내 데이터의 주인은 내가 아닌 셈! 우리는 누구나 신체와 재산의 자유를 누릴 권리가 있다. 디지털 데이터의 소유권 역시 우리가 마땅히 누려야 할 권리 중 하나이다.

② **온라인 범죄에 휩쓸리다** : 사이버 범죄 하면 보통 해킹을 떠올리기 쉽다. 하지만 '컴알못'인 평범한 사람들도 별생각 없이 악의적인 댓글을 달거나, 하다못해 선정적인 헛소문에 '좋아요'나 리트윗을 날려 본 경험이 숱하게 많을 거다. 온라인을 현실과는 동떨어진 가상 세계로 착각한 나머지 순전히 재미로 그랬다는 건데……. 악성 루머나 조작된 진실에 동조하는 행위는 모니터 밖에서 살아가고 있는 누군가에게 실제로 가해지는 폭력이다. 우리는 '표현의 자유'와 '익명의 가면'이 헷갈린 나머지, 온라인에서 멋대로 이성과 양심에 거리끼는 행동을 하고 있는 게 아닐까?

③ **무차별 확산되는 가짜 뉴스와 정보의 포로가 되다** : 가뜩이나 사람은 취향이나 생각이 비슷한 부류끼리 모이는 경향이 있는데, 소셜 미디어는 그런 사람들끼리 편향된 정보를 주고받기에 딱 좋은 환경이다. 더구나 각종 플랫폼은 우리가 흘린 디지털 데이터를 활용해 맞춤형 기사·영상·정보를 서비스해 준다. 이런 알고리즘을 '필터 버블'이라고 한다.

하지만 특정한 정보에 반복 노출된다는 것은, 달리 생각해 보면 더 많은 정보를 누릴 자유를 잃는다는 뜻이 아닐까? 이렇게 특정한 필터를 통해 정보를 습득하다 보면 세상을 있는 그대로가 아니라 보고 싶은 대로 보게 되는 일이 생길 수도 있다.

팀 버너스 리는 그 누구보다도 이 같은 문제를 통렬하게 비판해 왔으며, 웹의 변화를 꾀할 '마그나 카르타(시민의 권리·자유를 보장하는 기본법)'를 제정하자고 끈질기게 제안해 왔다. 그리고 2018년부터 자기 손으로 직접 웹의 구조적 모순을 바꾸어 보겠다며 새로운 프로젝트에 뛰어들었다.

우선 IT 공룡 기업들에게 빼앗긴 데이터 주권을 개개인의 품에 되돌려 주겠다는 목표로 '솔리드 프로젝트'를 출범시켰다. 솔리드 프로젝트는 그간 인터넷 서비스 사용자가 기업에게 개인 정보를 맡겼던 것과 달리, 개인의 온라인 데이터 저장소(POD)에 집어 넣어 스스로 관리할 수 있는 시스템이다.

솔리드란 이런 데이터 저장 규칙을 정리한 일종의 코드인데, 팀 버너스 리는 앞으로 가능한 한 많은 개발자들이 솔리드를 사용하도록 이 코드를 오픈 소스(특정인이나 기업이 제품 설계 기술을 독점하지 않고 만인과 나누는 것)로 공개했다.

누구나 자유롭게 콘텐츠를 만들 수 있으며, 누구나 쉽게 그 콘텐츠에 접근할 수 있지만, 데이터의 소유권만큼은 그 콘텐츠의 주인에게 있다는 민주적인 이상에서 시작된 월드 와이드 웹! 팀 버너스 리가 꿈꾸었던 보다 건강한 웹은 과연 실현 가능할까? 최근 팀 버너스 리가 띄운 공개 서한 〈모두를 위한 웹을 위해 다시 한 걸음〉을 읽어 보면, 맨 마지막 문장이 가슴을 찡하게 울린다.

"미래는 과거보다 훨씬 위대할 것입니다."

팀 버너스 리(Tim Berners-Lee, 1955~)
영국의 컴퓨터 공학자. 1980년에 인터넷 대중화를 위한 소프트웨어 월드 와이드 웹을 개발했고, 무상으로 전 세계에 보급했다. 웹의 표준을 정하는 국제 협회 W3C를 이끌었으며, 정보 소외 지역 인터넷 보급, 정보 보안, 표현의 자유 등 여러 가지 문제를 해결하기 위한 사회 운동에 앞장서고 있다. 2016년에 컴퓨터 과학의 노벨상이라고 불리는 튜링 상을 수상했다.

공학의 명장면 12

첫판 1쇄 펴낸날 2019년 6월 10일
5쇄 펴낸날 2022년 6월 22일

지은이 크리스티안 힐 **그린이** 주세페 페라리오
옮긴이 이현경
발행인 김혜경 **편집인** 김수진
주니어 본부장 박창희
편집 길유진 진원지 강정윤
디자인 전윤정 **마케팅** 최창호
경영지원국 안정숙
회계 임옥희 양여진 김주연

펴낸곳 (주)도서출판 푸른숲
출판등록 2003년 12월 17일 제2003-000032호
주소 경기도 파주시 심학산로 10, 우편번호 10881
전화 031) 955-9010 **팩스** 031) 955-9009
홈페이지 www.prunsoop.co.kr **이메일** psoopjr@prunsoop.co.kr

ⓒ푸른숲주니어, 2019
ISBN 979-11-5675-239-4 44500
978-89-7184-390-1 (세트)